青海省科学技术著作出版资金资助出版

青海高原多种农作物间套作栽培新技术

王树林　主编

青海人民出版社

图书在版编目（ＣＩＰ）数据

青海高原多种农作物间套作栽培新技术 / 王树林主编 . -- 西宁：青海人民出版社，2023.7
ISBN 978-7-225-06576-2

Ⅰ．①青… Ⅱ．①王… Ⅲ．①高原－作物－间作－栽培技术－青海②高原－作物－套作－栽培技术－青海
Ⅳ．① S344

中国国家版本馆CIP数据核字(2023)第134959号

青海高原多种农作物间套作栽培新技术

王树林　主编

出 版 人　樊原成
出版发行　青海人民出版社有限责任公司
　　　　　西宁市五四西路71号　邮政编码：810023　电话：（0971）6143426（总编室）
发行热线　（0971）6143516 / 6137730
网　　址　http://www.qhrmcbs.com
印　　刷　青海雅丰彩色印刷有限责任公司
经　　销　新华书店
开　　本　787mm×1092mm　1 / 16
印　　张　5
字　　数　80 千
插　　页　42
版　　次　2023 年 7 月第 1 版　2023 年 7 月第 1 次印刷
书　　号　ISBN 978-7-225-06576-2
定　　价　69.00 元

第一部分

生姜两种作物套种图片

掰姜种

喷乙烯利处理

整地施肥

开沟播种

播种示范

发芽期

马铃薯套种生姜覆土

马铃薯套种生姜覆盖地膜

生姜套种马铃薯开播姜沟

生姜套种马铃薯播姜种

生姜新叶扭曲人工舒展

生姜幼苗前期

生姜根外开施肥沟

生姜根外施肥

姜蒜套种

生姜套种油白菜

生姜套种四季豆

生姜套种矮秧刀豆

生姜套种辣椒

进行生姜套种豇豆的采摘

生姜套种豇豆幼苗期

生姜套种黄瓜结果期

生姜套种菜花

生姜的田间观察

生姜旺盛生长中期

生姜旺盛生长后期

生姜套种马铃薯收获后生姜旺盛生长中期

生姜培土

生姜套种豇豆

生姜套种马铃薯收获后的生姜幼苗

青薯 9 号旺盛生长期

闽薯 1 号旺盛生长期

生姜套种西瓜

生姜套种黄瓜

田间观察西瓜长势

生姜套种马铃薯生长后期

生姜套种马铃薯成熟期

生姜套种马铃薯叶面喷施多菌灵

生姜套种马铃薯中耕除草

生姜套种闽薯 1 号收获之际青海科技日报社记者专访王树林教授

生姜培土

套种的青薯 9 号成熟

套种的闽薯 1 号成熟

套种的青薯 9 号收获

闽薯 1 号单株测产达 0.8kg

套种马铃薯收获后生姜长势旺盛

生姜苗培土后长势旺盛

套种马铃薯收获后生姜苗灌水

生姜套种豇豆成熟采收期

生姜套种豇豆收获后姜苗培土

生姜套种马铃薯收获后生姜生长后期

田间观察

生姜套种的马铃薯收获后生姜成熟期

生姜套种的马铃薯收获后生姜旺盛生长

生姜分极姜块膨大期

生姜收获单株测产达 0.6kg

生姜单株测产

马铃薯收获后生姜单株观察

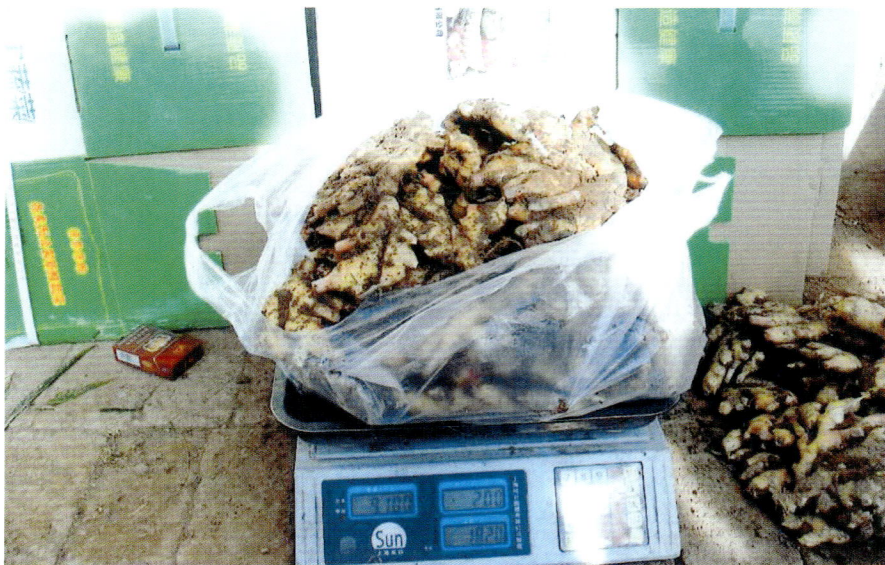

马铃薯收获后生姜成熟后测产

马铃薯收获后生姜单株观察

第二部分

花生两种作物套种图片

平整土地

旋地

打埂作畦

安装滴灌设备

打孔

播种

发芽出苗

进入幼苗期

检查下针期

开花下针中期

开花下针后期

花生结荚初期

花生结荚中期

花生平垄栽培结荚初期长势

测量花生特征特性

生姜套种花生饱果初期

生姜套种花生饱果期

疏整生姜叶片

花生根外施肥

生姜套种花生结荚中期

防治喷药

生姜套种花生结荚后期

生姜套种花生田间观察

生姜套种花生饱果成熟期田间观察

千斤王单株饱果成熟

玉米花生间套作行比为 2：1

玉米花生间套作行比为 3：1

玉米花生间套作行比为 4 ： 1

玉米花生间套作行比为 5 ： 1

芦笋套种毛豆

芦笋套种花生

花生套种毛豆

生姜套种毛豆

记者田间采访

生姜套种花生

专家检查花生结荚

专家观察生姜、花生果实

专家检查露地玉米套种毛豆长势

专家检查露地玉米套种毛豆结荚

专家检查平畦种植毛豆成熟期

专家检查毛豆后期长势

专家检查毛豆单期结果

毛豆结荚成熟

毛豆结荚成熟采收

铺地膜

铺好的地膜

地膜打孔

红薯于 4 月 13 日温室定植

红薯缓苗期

红薯进入幼苗期

红薯幼苗初期

温室生姜套种花生

玉米套种花生幼苗长势

樱桃幼树下间作紫皮大蒜幼苗期

红薯套种毛豆收获后的红薯生长中期

樱桃幼树下行间套种毛豆

红薯幼苗中期

红薯套种毛豆苗中期

红薯幼苗分枝中期

红薯幼苗分枝后期

红薯分枝初期

红薯分枝中期

红薯分枝后期

红薯套种毛豆转向结荚前期

红薯套种毛豆转向结荚后期和成熟收获

西瓜红红薯膨大初期

红薯膨大中期

红薯膨大后期

红薯膨大后期收获单株 1 个

红薯膨大后期收获单株 4 个

西瓜红红薯单株成熟

西瓜红红薯成熟收获

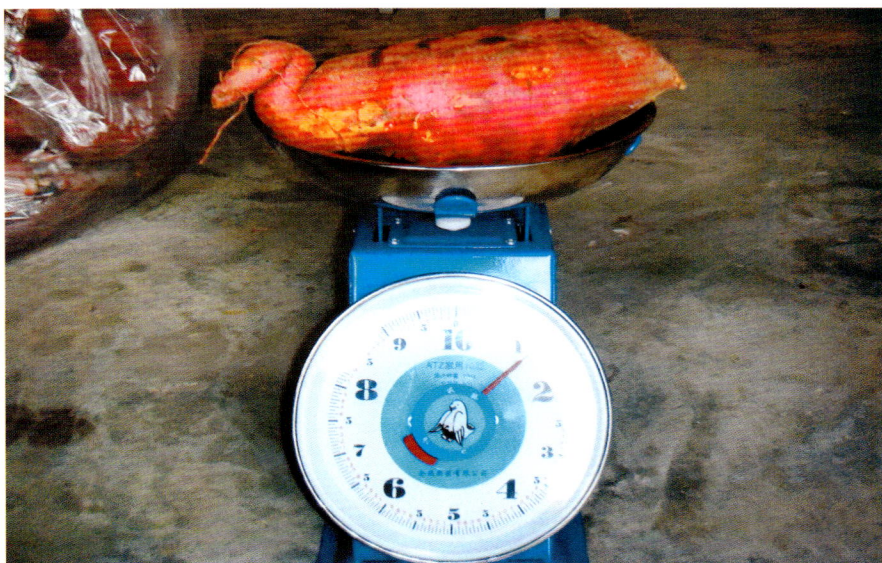

西瓜红红薯单株测产达 1.3 千克

西瓜红红薯单株测产达 1.51 千克

《青海高原多种农作物间套作栽培新技术》
编委会

主　　编：王树林　　李秋荣　　马永强　　宋继昌

　　　　　李　屹　　柳海东　　支欢欢　　咸文荣

　　　　　侯　璐　　吴庆云　　白成芳　　叶景秀

副 主 编：张林春　　郭守伟　　曹玉梅　　蔡晓英

　　　　　颜毓清　　韩吉梅　　钟启文　　来有鹏

　　　　　窦元名　　陈　斌　　石金福　　朱海霞

　　　　　李　莲　　马　洁　　黄文平　　刘思雨

　　　　　吴庆云　　孔小平　　马向花　　马玉娟

　　　　　马国业　　代慧敏　　王鹏宇　　居梦佳

编写人员：（排名不分先后）

　　　　　高怀怀　　沈　莉　　祁维寿　　廖秀莎

　　　　　曹海萧　　郭守伟　　曹玉梅　　蔡晓英

　　　　　颜毓清　　韩吉梅　　宋继昌　　柳海东

　　　　　李　屹　　李秋荣　　马永强　　支欢欢

　　　　　咸文荣　　吴庆云　　叶景秀　　钟启文

　　　　　来有鹏　　窦元名　　陈　斌　　石金福

　　　　　张林春　　马国业　　朱海霞　　王树林

　　　　　李　莲　　马　洁　　白成芳　　孔小平

　　　　　王　双　　纳玉堂　　刘思雨　　侯　璐

　　　　　马向花　　黄文平　　张　元　　马玉娟

　　　　　代慧敏　　王鹏宇　　居梦佳　　景小珊

　　　　　陈文瑾　　付丽颖

序

间作套种是农业上的一项增产措施，具有提高土地、资源利用率等优势。套种对作物选择、规范生产、科学管理等环节有较高的要求，但一直以来，人们只是根据种植经验进行操作，没有形成规范化、科学化、技术化的操作规程，间作套种的创新发展和指导理论亟待更新。

编者王树林先生扎根高原六十载，为青海的蔬菜园艺事业奉献了毕生精力，虽今已年逾八十，但仍笔耕未辍，依旧深入田间地头，奔赴生产一线，为青海省农业生产贡献着余热。先生近年来佳作不断，这种对科研事业孜孜不倦的精神和执着的态度值得每一位科研人学习。今天有幸拜读先生的《青海高原多种农作物间套作栽培新技术》一书，无不感叹先生的敬业精神和领航品质。

近几年来，随着种植业结构调整和设施农业建设大力发展，不同作物间的套种逐渐成为一种新型的种植模式。为了适应当前形势的发展，王树林先生及其团队成员在认真总结近几年新成果、新技术、新经验的基础上，编著了《青海高原多种农作物间套作栽培新技术》，本书提出了一系列栽培套种的"新模式"以及"水肥一体化""间套作机械化"等高新技术，详尽的科普知识、完备的生产基础资料、平实的语言描述、精彩的图片展示等给人留下深刻的印象。全书集经验、技术、科学于一体，是间作套种科学领域的一盏明灯。

我相信，该书的出版发行，将会有力促进青海省农作物间作套种技术的发展和完善。值此付梓之际，特作此序以表对先生的敬佩，一并举荐广大科研工作者，亦致恭贺！

青海省农林科学院　副院长　王舰

2022 年 5 月 7 日

序

间作套种是农业上的一项增产措施，具有提高土地、资源利用率等优势。套种对作物选择、规范生产、科学管理等环节有较高的要求，但一直以来，人们只是根据种植经验进行操作，没有形成规范化、科学化、技术化的操作规程，间作套种的创新发展和指导理论亟待更新。

编者王树林先生扎根高原六十载，为青海的蔬菜园艺事业奉献了毕生精力，虽今已年逾八十，但仍笔耕未辍，依旧深入田间地头，奔赴生产一线，为青海省农业生产贡献着余热。先生近年来佳作不断，这种对科研事业孜孜不倦的精神和执着的态度值得每一位科研人学习。今天有幸拜读先生的《青海高原多种农作物间套作栽培新技术》一书，无不感叹先生的敬业精神和领航品质。

近几年来，随着种植业结构调整和设施农业建设大力发展，不同作物间的套种逐渐成为一种新型的种植模式。为了适应当前形势的发展，王树林先生及其团队成员在认真总结近几年新成果、新技术、新经验的基础上，编著了《青海高原多种农作物间套作栽培新技术》，本书提出了一系列栽培套种的"新模式"以及"水肥一体化""间套作机械化"等高新技术，详尽的科普知识、完备的生产基础资料、平实的语言描述、精彩的图片展示等给人留下深刻的印象。全书集经验、技术、科学于一体，是间作套种科学领域的一盏明灯。

我相信，该书的出版发行，将会有力促进青海省农作物间作套种技术的发展和完善。值此付梓之际，特作此序以表对先生的敬佩，一并举荐广大科研工作者，亦致恭贺！

青海省农林科学院　副院长　王舰

2022 年 5 月 7 日

高效栽培套种模式以及水肥一体化技术等内容。为我省作物栽培模式更新提供了重要的参考资料。

本书内容丰富，实用，可供从事园艺基础研究、教学、推广及生产等各层次的农业技术人员和师生阅读参考，特推荐著作早日出版。

推荐专家签字：郭青云

专业技术职务：研究员

该书的学术水平（国际水平、国内先进水平、较高水平、一般水平）、应用价值、主要特点、出版价值以及申请者的业务与写作水平，提出可否资助出版的意见和对该书编写的建议。

细读《青海高原多种农作物间套作栽培新技术》全稿，给人耳目一新，认为此稿是来自于实践，且能应用于实际生产中的指导好书，是专家长期研究和总结的结晶，本书的出版对于我省套种技术的发展和高新蔬菜产业均有推动作用，恳请尽快出版成书，在更广阔的天地里为同仁们参考应用。

推荐专家签字：缪祥辉

专业技术职务：研究员

该书的学术水平（国际水平、国内先进水平、较高水平、一般水平）、应用价值、主要特点、出版价值以及申请者的业务与写作水平，提出可否资助出版的意见和对该书编写的建议。

《青海高原多种农作物间套作栽培新技术》是一本长期从事科研和技术推广的技术人员编写的书，阐述了不同作物、果蔬之间套作模式、栽培模式及水肥一体化技术等，内容丰富，本书出版对于研究我省套种栽培技术具有重要的参考价值。

推荐专家签字：阿怀念

专业技术职务：高级实验师

该书的学术水平（国际水平、国内先进水平、较高水平、一般水平）、应用价值、主要特点、出版价值以及申请者的业务与写作水平，提出可否资助出版的意见和对该书编写的建议。

该专著全面而细致地总结了生姜与系列作物的二套模式栽培技术；生姜与花生、马铃薯等一年三茬高效栽培套种模式，马铃薯与花生、有机菜花、莴笋等一年四茬

目　录

第一章　作物轮作与间套种栽培技术

第一节　生姜轮作与间套种栽培技术

一、生姜的生物学特性

（一）形态特征

生姜的植株主要包括根、根茎、地上茎、叶等器官。

1. 根

生姜属于浅根性植物，根不发达，根数稀少而且较短，生长比较缓慢，主要分布在地下纵向 30 厘米和横向 30 厘米的范围内，只有少量可深入土壤下层。因此，生姜吸收水肥能力较弱，对水肥要求比较严格。

姜根有纤维根和肉质根两种，纤维根从幼芽基发生，为初级的吸收根。纤维根是指种植后从幼芽基部产生的数条不定根。这些根水平生长，随着幼苗生长数目稍有增加，但数目不多。这种根占总根量的 40% 左右，其形状细而长，主要功能是吸收水分和养分。肉质根着生在姜母及子姜的茎节上，兼有吸收和支持功能。肉质根是生姜生长的中后期从姜母基部发生的根，它生长在姜母和子姜之上，其数量占总根量的 60% 左右，形状短而粗，主要功能是起支持固定作用，同时可贮藏营养物质，且具有部分吸收功能。种姜播种以后，先从幼芽基部发生数条纤细的不定根，即纤维根。此后，随着幼苗的生长，纤维根不断增多，在 9 月中下旬，植株进入旺盛生长期以后，在姜母和子姜的下部节上，还可发生若干条白色、形状短而粗的肉质不定根，其上一般不发生侧根，根毛很少，兼有吸收和支持功能。

姜根最外层是表皮，皮上有根毛，表皮内为皮层，皮层的最内一圈为内皮层，再内为中柱部分，包括肉质部、韧皮部和髓部。肉质不定根与纤维根基本相同，只是皮层部分较厚，细胞排列的层数较多。

2. 茎

生姜的茎包括地上茎和地下茎两部分，地上茎直立、绿色，为叶鞘所包被。高60~100厘米。茎端完全由嫩叶和叶鞘构成，因此，地上真茎仅有茎高的1/2左右。种姜发芽后所长出的第一个姜苗，称为主茎，主茎长到一定程度后，其基部膨大形成根茎，茎上的腋芽萌发长出地面形成侧枝，为第一次侧枝或一次分枝。一次分枝基部膨大后形成的根茎上的侧芽再萌发长出地面形成二次分枝，二次分枝基部膨大形成根茎腋芽再萌发，依次形成三次、四次分枝。

生姜在幼苗期分枝很慢，大约每20天发生一个分枝。进入旺盛生长期以后，侧枝大量发生，一般每5~6天便可增加一个分枝。10月上旬以后，气温逐渐降低，植株的生长重心已转移到根茎，因而分枝速度减慢。侧枝发生的多少与品种和栽培条件有关。一般密苗型品种分枝较多，中等肥力和正常供水条件下，可发生15~20个；而疏苗型品种分枝少，一般发生10~15个。同一品种，若土质肥沃，水分充足，管理精细，则分枝数较多；相反，若缺水少肥，土质稀薄，管理粗放，分枝数就较少。

生姜的地下根状茎，称为"根茎"。根茎是姜的主要食用器官，由若干分枝基部膨大而成。根茎上有节，但每个姜球上节的多少和疏密不同。一般初生姜球较小，节间密，多数为7~10节；次生姜球较大，节间长，节较稀。刚收获的姜根茎呈鲜黄色，姜球上部的鳞片呈淡红色，俗称"鲜姜"，经储藏后，鳞先褪去，根茎表皮老化变为土黄色，称为"黄姜"，黄姜作为姜种播种后，直至秋季收获，称为"老姜"。

地上茎和地下茎关系密切，若地上植株高大，茎秆粗壮，分枝多，地下根茎则可以充分膨大，姜球多而肥大，产量高。相反，若地上茎秆矮小且细，则姜球少而瘦小，产量低。一般情况下，一次分枝长势最强，其基部膨大形成的"子姜"亦最大，其次是二次分枝和主茎，后来发生的三次、四次分枝较细弱，由其膨大形成的姜球也较小。

3. 叶

姜是单子叶植物，姜叶为披针形，绿色，叶长 18~25 厘米，叶片互生，在茎上排成两列。叶片下部具有不闭合的叶鞘，叶鞘狭长，抱茎，具有支持叶片和保护地上茎的作用，在叶片与叶鞘相连处有 1 对突出的膜状物，称"叶舌"，叶舌内侧即为出叶孔，新生叶片从出叶孔抽出。在青海栽培生姜，需要加强田间管理，使叶片不受病虫侵害，增加植株的叶数，提高叶面积，对提高姜产量及根茎品质有着重要意义。

4. 花

生姜的花为穗状花序，花蕾由花轴和总苞组成，淡黄色，花下有绿色的苞，层层包围，花被不整齐，淡黄色，花瓣紫色间白色斑点，有雄蕊 6 枚、雌蕊 1 枚。生姜通常在北纬 25 度以下地区种植，一般可开花。花茎直立，高约 30 厘米，花蕊 7~8 厘米，由叠生苞组成。

5. 种子

用种子繁殖，第一年基本没有产量，所以生产上都不用种子繁殖，而用根状茎无性繁殖。种子有性繁殖过程如下：

（1）选地。种子繁殖较根状茎繁殖选地要严格得多，要求灌水、排水方便，土壤肥沃，土层深厚，有机质含量高。最好在有水源的旱平地育苗繁殖，播种前每亩施入农家肥 3 000~4 000 千克、磷肥 100 千克、尿素 20 千克；深翻细耕，做成宽 1~1.2 米、长因地形而定的畦，畦面要求平整、疏松。

（2）播种。有性繁殖的种子要求籽粒饱满，无霉变，当年采收，千粒重不低于 10 克。播前将种子晾晒并搓去翅壳，放入 25℃，0.5% 磷酸二氢钾溶液浸泡 10~12 小时，捞出摊开晾干后即可播种。播种时间一般在 2~3 月，每亩用种量为 2.5~3 千克，可采用散播、开沟播等方法播种，播种深度 3 厘米左右，畦面铺地膜，以保温保湿。

（3）苗床管理。播种后要经常洒水，保持畦面潮湿，20~30 天可萌芽，40~50 天即可出苗。每天检查，待出土即可揭开地膜，提苗可采用叶面喷肥方法进行，一般每亩施尿素 2 千克左右，遇旱应及时浇水，遇涝应注意排水，注意防止草荒，要经常拔草，以培育壮苗。

（4）病虫防治。在温室育苗时，常有蝼蛄、小地老虎、金针虫等地下害虫为害，造成缺苗断垄，减产减收，损失较大。最有效的方法是毒饵诱杀，将 90% 晶体敌百虫 1 份加适量热水化开，加水 10 份，均匀喷洒在 100 份的麻渣上，于傍晚撒在苗床面上，每亩用毒饵 4~5 千克。

（5）温室移栽。一般到第二年 2~3 月直接移入温室，按正常管理办法进行管理。

（二）生姜的生育期

生姜为无性繁殖的作物，它的整个生长过程基本上是营养生长的过程，其生长过程具有明显的阶段性，可分为发芽期、幼苗期、旺盛生长期和根茎休眠期。全生育期 220~240 天。每个生长时期都有不同的生长重心和生长特点。

1. 发芽期

从种姜上幼芽萌发至第一片姜叶展开为发芽期，为 50~60 天。生姜的发芽极慢，主要依靠种姜的养分发芽生长，此期虽然生长量极小，只占全期总生长量的 0.24%，但却是为后期生长打基础的主要阶段。因此，必须注意精选姜种，创造适宜的发芽条件，保证苗齐、苗旺。发芽过程包括萌动、破皮、鳞片发生、幼苗形成等几部分。

（1）幼芽萌动阶段。即根茎上的侧芽由休眠状态开始变为生长状态，幼芽微微突起，颜色由暗黄变为鲜黄明亮。

（2）幼芽破皮阶段。幼芽萌发后 4~6 天，芽明显突起，随其生长，姜皮被撑破裂，幼芽明显膨大，芽色鲜亮。

（3）鳞片发生阶段。即出现第一层鲜嫩的鳞片，它包着幼芽，此后继续发生第二、第三、第四层鳞片。一般在第三至第四层鳞片出现时，芽基部便可见根的突起，这时正是播种的适宜时期。

（4）成苗阶段。随着鳞片的不断发生，幼芽也随之不断生长。同时，幼芽基部也由根的突起长出不定根。在苗高 8~12 厘米时，芽片姜叶便可展开，开始进行光合作用，制造养分，发芽期结束。

2. 幼苗期

从第一片姜叶展开到具有两个侧枝为幼苗期，即三股杈时期。幼苗期需 65~75 天，此期生姜以主茎和根系生长为主，生长速度较慢，生长量小，只占全期总生长量的 7%。在栽培管理上前期应提高地温，促进生根，及时遮阴，消除杂草，培育壮苗，为后期植株生长发育提供营养保障。

3.旺盛生长期

从"三股杈"以后至收获，需60~70天，此期植株生长速度大大加快，表现为分枝增多，叶数迅速增加，此期按生长重心不同可分为前后两个时期。旺盛生长前期或称发棵期，即从"三股杈"至9月上旬，仍以地上茎叶生长为主，侧枝大量发生，叶面积迅速扩大，根系继续发生，并有肉质根产生。地下根茎已经形成，姜球数随分枝数的增加而增加，但膨大速度较慢。旺盛生长后期，即收获前30~40天。生长重心转移到根茎，此时，根数趋于稳定。分枝速度减慢，叶面积基本达到平稳，叶片制造的养分主要输送并积累到根茎中，形成产品。因此，这一时期应加强水肥管理。促进发棵和分枝，形成强大的同化系统；后期防止早衰，保证较长的同化时间和较强的同化能力，结合浇水、施肥、培土等措施提高产量。

4.根茎休眠期

指从收获储藏、进入休眠至第二年幼芽萌发前。生姜不耐霜，初霜到来时茎叶便遇霜枯死，根茎被迫休眠。休眠期因储藏条件不同而有较大差异，短者几十天，长者几年。在储藏期间，应保证适宜的温度和湿度，既要防止温度过高，造成根茎发芽，消耗养分，也要防止温度过低，生姜受冻，还要防止根茎干缩。须保持根茎新鲜完好，顺利度过休眠时期，经第二年气温回升时再播种、发芽和生长。生姜适宜的储藏条件为温度11~13℃，相对湿度大于96%。

二、生姜生长发育对环境条件的要求

（一）生姜对温度的要求

生姜喜温暖，不耐霜冻，也不耐热。生姜对温度反应敏感。生姜只有在适宜的温度条件下，才能健壮生长，体内各种生理活动才能正常而又旺盛地进行。因此，在栽培中必须了解生姜在各个生长时期对温度的要求，以便为生姜生长创造适宜的环境条件。种姜在16℃以上便可由休眠状态开始发芽，在16~17℃条件下，发芽速度极慢，发芽期很长，经温室处理70天，幼芽才长到1厘米左右；18~20℃时，发芽速度仍缓慢；22~25℃时，发芽速度较为适宜，幼芽比较肥壮，一般经30天左右，幼芽便可达2厘米左右，粗1~1.6厘米，符合播种要求，因此，22~25℃是生姜幼芽生长的适宜温度，在高温条件下，发芽速度很快，但幼芽不健壮。如在29~30℃条件下，仅经 12 天左右，幼芽便达到 2~2.4 厘米，发芽虽快，但幼芽瘦弱。在幼苗期及发棵期温度以 25~28℃ 茎叶生长较为适宜。在根茎旺盛生长期，因需要积累大量养分，要求白天和夜间保持一定的昼夜温差，白天温度稍高，保持在 25℃ 左右，夜间温度稍低，保持在 17~18℃。当气温降至 15℃ 以下时，姜苗便基本停止生长。

积温是作物要求热量的重要标志之一。生姜生长过程中，不仅要求适宜的温度范围，而且需要一定的积温，才能完成其生长过程并获得较高的产量，一般全生长期约需活动积温（即 0℃ 以上的积温）3660℃，15℃ 以上的有效积温 1215℃。

（二）生姜对光照的要求

生姜为弱光作物，不耐强烈阳光，在夏季生长期间需要温室上方遮阴。生姜幼苗期，如在高温及强光照射下，常表现为植株矮小，叶片发黄，生长不旺，叶片中的叶绿素减少，光合作用下降。若连阴多雨，光照不足，亦对姜苗生长不利。姜苗在遮阴状态下生长良好，青海温室栽培均进行遮阴栽培。自然光照能够满足生姜生长要求。

生姜喜阴凉，对光照反应不敏感，光呼吸损耗仅占光合作用的 2%~5%，为低光呼吸植物，其发芽和根茎膨大需要在黑暗环境中进行，幼苗期要求中等光照强度而不耐强光，在花荫状态下生长良好，旺盛生长期则需稍强的光照以利光合作用。

当土壤水分供应充足时，生姜可适应较强的光照，表现出喜涝耐阴的特点；但水分供应不足时，生姜长期处在不同程度干旱胁迫条件下，叶片的光合作用率大为降低。因此，生产上多进行遮阴栽培。生姜虽具有一定的耐阴能力，但若遮光过度，光照不足，亦对姜苗生长不利。

不同的日照时长，对生姜的地上部分及根茎的生长影响不同。据 2015 年青海西宁大堡子温室试验得出，地上部分鲜重在自然光照条件下最重，长日照居中，短日照最轻。这表明，生姜根茎的形成在自然光照条件下生长得最好。

（三）生姜对水分的要求

水分是生姜植株的重要组成部分，也是进行光合作用制造养分的主要原料之一。地上茎叶中含水分 84%~86%，各种肥料只有溶解在水里，才能为根系所吸收。因此，合理供水对确保生姜高产稳定十分重要。生姜根系极不发达且主要分布在土壤表层，难以充分利用土壤深层的水分，因而不耐干旱。生姜根群浅，吸收水分能力较弱，且叶面保护组织不发达以致水分蒸发快，因此，对水分要求较严。出苗期生长缓慢，需水不多，但若土壤湿度过大，则发育、出苗趋慢，并易导致种姜腐烂。生姜旺盛生长期需水量大大增加，应保持土壤湿润，土壤持水量以70%~80%为宜。若土壤持水量低于20%，则生长不良，纤维素增多，品质变劣，生长后期需水量逐渐减小，若土壤湿度过高则易导致根茎腐烂。

生姜属浅根性植物，根系不发达，吸收水分能力弱，既不耐旱又不耐涝，茎叶和根状茎旺盛生长期土壤湿度以70%~80%为宜。但在生长过程中，对水分仍十分敏感。土壤湿度状况不仅对生姜光合作用有显著影响，而且对生姜的生产和产量也有很大影响。当土壤相对含水量保持在80%时，生姜植株生长茂盛，产量较高；当土壤相对含水量降为60%时，生姜即感轻度水分不足，植株长势有所减弱，产量下降；当土壤相对含水量为40%时，植株生长严重缺水，表现为生长不良，产量大幅下降。说明生姜栽培中缺水干旱是限制产量的重要因素之一。

（四）生姜对土壤的要求

生姜对土壤质地要求不甚严格，其适应性强，无论沙壤土、黏壤土均可种植，且正常生长。但不同土质对生姜的产量和品质却有不同的影响。沙性土透气性好，春季地温升高较快，姜苗生长快，但土壤有机质含量较低，保水、保肥能力较差，生姜产量往往较低。黏性土春季发苗较慢，但有机质比较丰富，保水、保肥能力较强，肥效持久，因而使生姜产量较高。根据对不同土质所产生根茎营养成分的分析得知，重土壤所生产的姜的可溶性糖、维生素C及挥发油显著高于轻土壤，二者淀粉和纤维素的含量比较接近。

生姜对土壤酸碱度的反应较敏感，适宜的土壤pH值为5.0~7.5。若土壤土层pH值低于5.0，则生姜的根系臃肿易裂，根生长受阻，发育不良；若pH值大于9.0，根群生长甚至出现停止现象，在中性或微酸性土壤中生长良好，故而pH值为5.0~7.0比较适宜。

土壤酸碱度的强弱对生姜地上茎叶的生长亦有显著的影响，生姜喜中性及微酸性环境，不耐酸及弱碱，但对土壤酸碱度又有较强的适应性。当pH值在5.0~7.0的范围内时，植株均生长较好，其中，以pH值为6.0时根茎生长最好。当pH值在8.0以上时，对生姜各器官的生长都有明显的抑制作用，表现为植株矮小叶片发黄，长势不旺，根茎发育不良。因此，栽培生姜应注意土壤的选择，盐碱涝洼地不宜种姜。

（五）生姜对矿物质营养元素的要求

生姜在生长过程中，需要在土壤中吸收各种矿物质元素，其中以氮、磷、钾三元素吸收量最多，其吸收动态与植株鲜重的增长动态相一致。幼苗期，植株生长缓慢，生长量小，对氮、磷、钾的吸收量亦少。立秋以后进入旺盛生长期，生长速度加快，分枝数大量增加，叶面积迅速扩大，根茎也迅速膨大，因而吸肥量也迅速增加，幼苗期对氮、磷、钾的吸收量占全期总吸收量的 12.25%；旺盛生长期对氮、磷、钾的吸收量占全期总吸收量的 87.75%。生姜全生长期吸收氮、磷、钾的比例大致为：氮38%~42%，磷 10%~13%，钾 46%~50%。生姜全生长期吸收钾最多、氮次之、磷居第三位。氮磷钾之比为 3.9：1：5.1。以生姜形成 1 000 千克产品所吸收的氮磷钾的数量，与其他蔬菜作物相比，也可以看出，生姜对营养条件的要求是比较高的。

三、生姜轮作与茬口安排

生姜最常见的病害是姜腐烂病。主要的传染途径之一是土壤带菌。所以，生姜的轮作倒茬是一项关键的栽培技术。实行轮作倒茬可有效防止土壤带菌，减少发病机会，提高产量。种植生姜最好选用新茬地，前茬作物以葱、蒜和豆类最好，其次是花生和胡萝卜。凡种过茄果类作物并发生过青枯病的地块，以及连作并已发病的地块，均不宜种植生姜。生姜轮作与茬口安排应该视各地栽培的作物种类、时间和方式不同而异。以下介绍几种常见的轮作方式：

生　姜 → 大　蒜 → 生　姜

生　姜 → 叶菜类 → 生　姜

生　姜 → 茄果类 → 生　姜

生　姜 → 马铃薯 → 生　姜

生姜与温室瓜类、茄果类蔬菜轮作可以大大提高温室夏闲时的利用效率，进一步提高效益。

四、生姜的间作套种方式及栽培技术

生姜耐阴而不耐高温和强光，在花荫下生长良好。因此，与其他作物间作套种

既提高了土地利用率,又为生姜的旺盛生长提供了有利条件,可以大大提高经济效益。

(一)温室姜蒜套种(图 1)

阳历 9 月上旬种植大蒜,做宽 1.5 米的平畦,每畦播 4 行,行距 50 厘米,株距 7 厘米,翌年 3 月上旬大蒜的行间种植生姜。

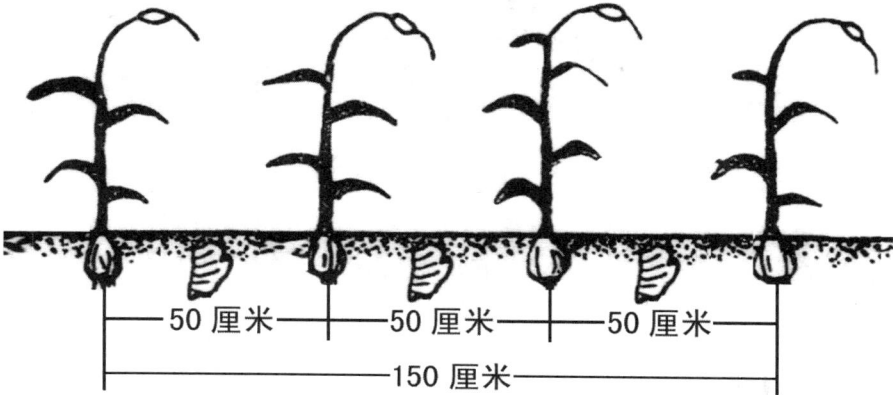

图 1 姜蒜套种示意图

套种生姜以前,先清除大蒜地里的杂草,然后在大蒜行间及畦埂上开沟并施足基肥,3 月上旬播种生姜。5 月下旬,已有部分生姜出苗,在管理大蒜时必须特别注意不要损伤姜苗。6 月上中旬收获蒜头以后,应注意不要损伤姜苗,从生姜播种到收获大蒜,两者共生期为 30~40 天,在两种作物共生期间,大蒜可为生姜遮阴。同时播种时施入的大量基肥和充足的底水,为大蒜的旺盛生长和鳞茎的充分膨大提供了良好条件,因此,能保证两种作物高产优质。一般每亩可以收鲜蒜 500~750 千克,每千克按 8 元计,共 4 000 ~ 6 000 元,生姜 2 000 千克,每千克按 8 元计,共 16 000 元,两茬共计 2 0000 ~ 2 2000 元不等。

(二)生姜与洋葱套种(图 2)

笔者在辽宁省凤城市采用生姜与洋葱套种获得成功经验的基础上,结合青海省气候条件稍加改进,取得了良好效果。

具体做法:于白露前后播种洋葱,霜降至立冬按 50~55 厘米的距离起垄移栽,垄高 10~15 厘米,垄顶宽 20~25 厘米,每垄栽 2 行,行距 10 厘米。翌年 3 月上旬在洋葱垄沟种植生姜。6 月中旬收获洋葱,此时生姜已出苗,应注意防止损伤姜苗。

洋葱收获后，在姜沟上覆盖黑色地膜保温保湿。

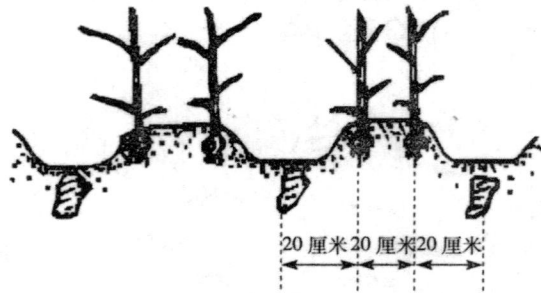

图 2 生姜与洋葱套种示意图

从播种至洋葱收获，两者共生期为 30 天左右，从生姜出苗到洋葱收获为 30~35 天，在两种作物共生期内，洋葱可为生姜遮阴，降低地温，减弱光照，提高土壤含水量，改善周围环境，有利于促进生姜出苗，并为姜苗期旺盛生长创造有利条件。同时，生姜播种时施入的基肥和浇灌的底水为洋葱后期鳞茎的充实补充了养分和水分。据田间调查，生姜与洋葱套种，生姜的产量每亩为 2 000 千克，每千克按 8 元计，共 16 000 元，洋葱产量每亩一般为 2 500 千克，每千克按 4 元计，共 10 000 元，两茬共计为 26 000 元。因此，此模式下二者均可取得较高产量。

（三）温室生姜与黄瓜套种（图 3）

随着农村产业结构的调整和高产高效农业的发展，温室栽培蔬菜已成为农民的优势产业。但目前温室利用效率较低，在温室内实行生姜与黄瓜套种，既可提高设施利用效益，又可延长生姜的生长期，从而提高产量。与单茬栽培相比，经济效益显著提高。具体套种方法是 2 月上旬育黄瓜苗，3 月上旬（温室内最低温度达到 8℃以上时）定植，在黄瓜定植的同时，3 月 20~25 日种植生姜。黄瓜按大小行距 100 厘米和 50 厘米起垄栽培，垄高 20 厘米，株距 25 厘米，黄瓜行距种姜，行距 50 厘米，株距 20 厘米。

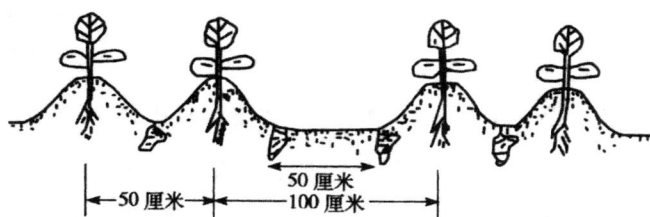

图 3 温室生姜与黄瓜套种示意图

黄瓜定植前每亩施用有机肥 5 000 千克、复合肥 50~80 千克。黄瓜缓苗后在其行间开沟，每亩在沟内撒施麻渣肥 50~80 千克、复合肥 25~50 千克，与土壤混匀后在沟内排放姜种，其余按常规管理。姜苗出齐后，黄瓜已经伸蔓，前期可为姜苗遮阴。7 月中旬黄瓜拉秧后及时施肥培土，一般每亩施复合肥 50 千克。为防止温度过高，可将温室下部棚膜揭开通风，保留顶部棚膜遮阴，霜降前再将棚膜盖上，这样可将生姜收获期延迟到 11 月中下旬，使其生长期延长 35~40 天，从而可以大幅度提高产量。据姜开昌试验，温室生姜与黄瓜套种一般每亩产生姜 3000~3 500 千克、黄瓜 5 000~5 400 千克，比温室单栽生姜增产 30% 以上。

（四）温室生姜与西瓜套种（图 4）

温室生姜栽培投资较高，由于生姜发芽慢，出苗晚，前期生长量小，不能充分利用温室空间。因此，与西瓜套种，在不影响生姜生长及产量的前提下，使温室得以充分利用，进而提高单位土地面积的产出率。西瓜栽植密度小，收获期早，叶面积系数低，对生姜生长的影响很小。因此，生姜与西瓜套作是目前生姜产区普遍采用的一种间套模式。

1. 西瓜的栽培管理要点

与生姜套种的西瓜一般选用早中熟品种，如京欣 1 号、郑杂 5 号、黑美人、特小凤等。西瓜播种育苗在 12 月中旬于温室内利用温床进行。幼苗长出 3~4 片叶后即可定植。西瓜定植前应先挖宽 60 厘米，深 30~40 厘米的丰产沟，丰产沟间距 4 米左右，沟内填入充足的肥料与土拌匀，一般每亩施优质腐熟肥 8 000 千克、复合肥 50 千克，覆土后踏实，然后做起高垄，或做大小畦。在沟内按 50 厘米行距栽 2 行西瓜，株距 50 厘米。西瓜定植的时间，根据覆盖情况而定。若在温室内仅盖一层地膜，一般在 3 月上中旬定植，可与生姜一同下地后盖膜，西瓜定植后加强温度及肥水管理。缓苗前，白天温度控制在 28~35℃，夜间不低于 18℃；开花结果期白天 30~32℃，夜间 15~18℃。水肥管理应根据土壤状况及生长特点进行，一般在缓苗后浇缓苗水，之后保持地面见干见湿，至甩蔓时追催蔓肥，一般每株西瓜施 15 克尿素，至现蕾时控制水分，待坐果时，追施膨瓜肥，每株施 25 克复合肥，随后浇水，保持地面湿润状态即可，西瓜定根后控制浇水。

温室西瓜一般采用三蔓两瓜整枝，即在保留主蔓生长的前提下，从其基部选留两条侧蔓，待主蔓果实定个后，在侧蔓再留一个瓜，但应注意，留瓜应留第二朵雌花，为促进坐果，必须在开花当天上午 9 时前进行人工授粉。

2. 生姜的栽培管理要点

生姜催芽后可先在西瓜小行中间挖穴播种 1 行生姜，再按 65 厘米左右的行距开沟或挖穴播种其他生姜，生姜播好后，喷除草剂，盖地膜。注意不要让除草剂喷到西瓜苗上，以防产生药害。若生姜播种晚，也可不盖地膜，在西瓜第一瓜定个前，田间管理以西瓜为重点，第一个瓜收获后，其管理重点转移到生姜上来。

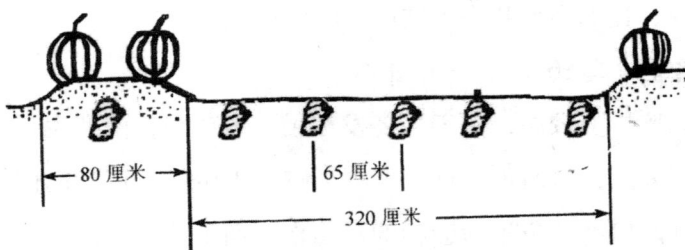

图 4　温室生姜与西瓜套种示意图

（五）温室生姜与马铃薯套种（图 5）

早春温室马铃薯与生姜套种，宜选用早熟品种。一般温室内盖地膜的马铃薯西宁地区可在 11 月上旬播种。播种前 20 天左右切块，用 0.5 毫升/千克赤霉素浸泡 15 分钟后捞出，晾干水分后催芽。待芽长 2 厘米左右时，放在弱光下绿化 2~3 天即可播种。马铃薯播种时，先按 90 厘米行距开 5 厘米的浅沟，沟内浇水后，将带芽薯块按 33 厘米左右的株距放入沟内，随后覆土起垄。播种完毕后，喷施 48% 氟乐灵乳油（每亩 100~115 毫升）或 48% 地乐胺乳油（每亩 200 毫升）防除杂草，覆土 2~3 厘米后盖地膜。30~40 天马铃薯出苗后，在马铃薯沟内播种生姜，覆土后浇水，重新盖好地膜。管理上马铃薯收获前以马铃薯管理为重点，马铃薯收获后以生姜管理为重点。

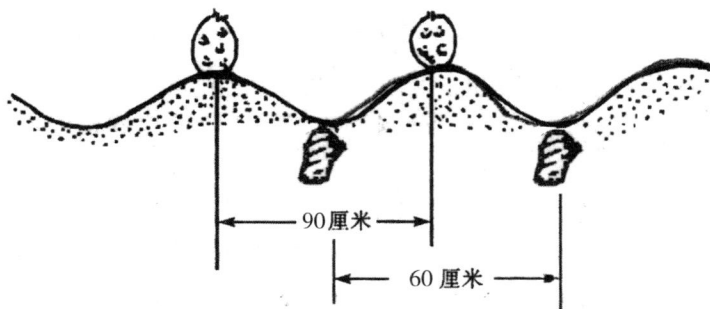

图 5　温室生姜与马铃薯套种示意图

（六）生姜与茄子套种（图 6）

茄子茎秆木质化程度高，且分枝较有规律，适于与生姜套种。套种方法是：12 月上旬在日光温室内育苗，1 月下旬在温室内定植茄子，先按 50 厘米的行距开沟起垄覆地膜，按常规施肥、浇水，将茄子定植于垄上，株距 40 厘米。3 月中下旬在沟内施优质有机肥每亩 5 000 千克、麻渣 70 千克、复合肥 30 千克，然后用手播法排放姜种，株距 20 厘米。

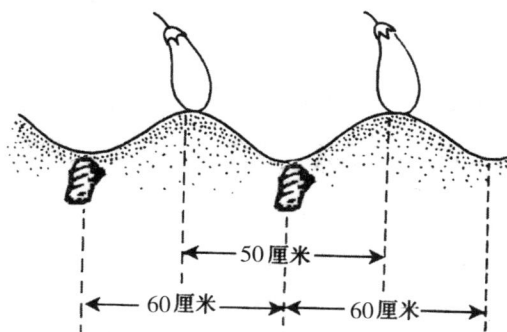

图 6　生姜与茄子间作示意图

姜苗出齐后，茄株即可作为生姜的遮阴材料。由于茄子的分枝能力较强，易造成遮阴程度过大，故应选择早熟品种并采取整枝措施，只留一、二、三次侧枝，其余全部打掉。每株收获 7~10 个茄子即拉秧，随后为生姜施肥培土。白天保持温室内温度 25~32℃，夜间 15~18℃。11 月中旬温室内最低温度降到 13℃以下时收获。

生姜与茄子套种，两者共生期为 35~45 天，由于姜苗期生长速度慢，生长量小，且根系较浅，而茄子属深根性作物，因此两者在肥水利用方面矛盾不大，是一种较好的套种模式，可供青海及北方地区参考应用。

（七）生姜与辣椒套种

辣椒茎秆木质化程度高，无须支架，且分枝较有规律，适宜与生姜套种。套种方法是：12 月上旬在温室内育辣椒苗，1 月下旬在温室内定植，先按 50 厘米的行距开沟起垄，按常规施肥、浇水，将辣椒苗定植于垄上，株距 35~40 厘米。3 月中下旬在沟内每亩施优质有机肥 5 000 千克、麻渣 75 千克、复合肥 40 千克，然后用手播法排放姜种，株距 20 厘米。

姜苗出齐后，辣椒株兼作生姜的遮阴材料。由于辣椒的分枝能力较强，易造成遮阴程度过大，故应选择早熟品种并采取整枝措施，只留一、二、三次侧枝，其余全部打掉。每株收获 8~11 个辣椒即拉秧，随后为生姜施肥培土。白天保持温室内温度 25~32℃，夜间 15~18℃。11 月中上旬温室内最低温度降到 13℃以下时收获。

生姜与辣椒套种，两者共生期为 30~45 天，由于姜苗期生长速度慢，生长量小，且根系较浅，而辣椒属深根性作物，因此两者在肥水利用方面矛盾不大，是一种较好的套种模式，可供青海及北方地区参考应用。

（八）生姜与有机菜花套种

温室有机菜花与生姜套作模式主要利用了生姜耐阴、苗期生长慢的特点，有机菜花叶片大可为其生长提供遮阴环境的有利条件，其套种还可充分利用温室上下部立体空间，并可实现有机菜花提前上市，生姜提前于阳历 3 月上旬播种，10 月下旬收获上市，菜花有助于提高温室单位土地面积的产出效益。

（九）生姜与甘蓝套种

温室甘蓝与生姜套作模式主要利用了生姜耐阴、姜苗期生长慢的特点，甘蓝叶片大可为其生长提供遮阴环境的有利条件，其套种还可充分利用温室上下部立体空间，并可实现甘蓝提前于阳历 2 月下旬播种，6 月中旬上市，生姜提前于阳历 3 月上旬播种，株距 20 厘米，姜苗出齐后撤去地膜。同时，种时施入的大量基肥和充分的底水，为生姜的旺盛生长和姜块的充分膨大提供了良好的条件，因此，能保证两种作物高产优质。据青海生姜田间调查，一般每亩收甘蓝 2 000~2 500 千克，每千克按 2 元计，共 4 000 元左右，生姜 3 000 千克，每千克按 6 元计，共 18 000 元，两者共计 22 000 元左右。

（十）生姜与豇豆套种

该模式的具体做法是利用温室栽培生姜，在生姜畦间种豇豆，利用豇豆为生姜遮阴，从而达到高产高效的目的。

生姜种植前，施足底肥，深翻 20~30 厘米，细耙 2~3 遍，施有机肥 6 000~8 000 千克、过磷酸钙 50 千克、麻渣 200 千克、复合肥 100 千克、硫酸钾 10 千克，然后用耙齿将肥料和土壤混匀。

豇豆种植方式为垄栽，于阳历 3 月上旬播种，用种量每亩 500 千克，行距 80 厘米，株距 15~20 厘米，生姜沟内套种一行豇豆，豇豆于 5 月下旬开始上市，可连续采收至 7 月底。生姜于 10 月中旬采收后，10 月下旬定植辣椒，于 12 月下旬开始收获，可获得较高的经济效益。

（十一）生姜与油桃套作

幼龄油桃树及进入结果初期前油桃树的树干较矮，树冠较小，株行间空隙地较多，通风透光条件较好。为充分利用土地，增加经济效益，在幼龄油桃树中间套种生姜，主要方式为带状间作。首先，给油桃树生长发育以足够的营养面积，一般与树冠大小基本一致即可。冬季在油桃树行间深翻土地，第二年春天将土地整细整平，于阳历 3 月上旬按行间距 60 厘米开沟，施入足量的有机肥，充足的水，温度适宜的情况下将种姜平排放入沟内，株距 15~20 厘米，然后覆土 3~6 厘米，其他操作与一般生姜生产相同。由于生姜种植在油桃树盘以外，油桃根系较深，所以在整地和开沟种生姜时一般不会损伤油桃树根系。间作生姜以后，由于生姜的覆盖作用，可以防止夏季土温过高和地面干旱对油桃树根系的不良影响，另外，油桃为深根性作物，主要利用土壤下层养分，而生姜为浅根性作物，主要利用的是根层 20~24 厘米以内的上层养分。因此，二者在养分利用上无明显矛盾。同时，种植生姜时施入大量肥水，在满足生姜生长需要的同时大大提高了油桃树的土壤肥力，有助于促进油桃树生长。

第二节　花生轮作与间套种栽培技术

一、花生生长发育对环境条件的要求

（一）花生对温度的要求

花生原产热带，属于喜温作物，对热量条件要求较高，在整个生育期间都要求较高的温度，但在不同生育阶段的要求也有较大差异。

1. 种子发芽期

已经通过休眠期的花生种子在一定温度条件下才能发芽，不同类型的品种发芽时对最低温度的要求也有一定的差异。珍珠豆型和多粒型品种的发芽最低温度为12℃，普通型和龙生型品种的发芽最低温度为15℃。发芽的最适宜温度为25~35℃，超过37℃时，发芽速度降低，在达到45℃时，有些品种则不能发芽。

2. 开花下针期

花生开花下针对温度的要求较高，开花期的适宜日平均温度为24~28℃。在一定范围内，温度与开花数成正相关。当日平均温度低于21℃时，开花数显著减少；当低于19℃时，则受精过程受阻；当高于30℃时，开花数减少，受精过程受到严重影响，成针率显著降低。

3. 荚果发育期

荚果发育的适宜温度为25~34℃，最低温度为15~17℃，最高温度为35~37℃。当高于39℃或低于15℃时，荚果发育迟缓甚至停止生长。

（二）花生对水分的要求

花生比较耐旱，但各个阶段要有适量的水分才能满足其生长发育的需求。据测算，花生每生产1千克干物质，约需耗水450千克。一般情况下，青海省温室覆膜直播普通大花生，每亩产量为164~183千克荚果，全生育期每亩耗水217~237立方米，相当于364~373毫米的降雨量。花生各生育期对水分要求的总趋势是幼苗期需水少，开花、结荚期需水多，饱果期需水少，即"两头少，中间多"的需水规律。

1. 发芽出苗期

种子发芽出苗需要土壤中的水分以保持在最大持水量的 60%～70% 为宜。若低于 40%，种子容易落干，造成缺苗；若高于 80%，则会造成土壤中的空气不足，影响发芽出苗。出苗至开花前这一阶段，根系生长快，地上部的营养体较小，耗水量不多，土壤水分以土壤最大持水量的 50%～60% 为宜。若低于 40%，根系生长受阻，不仅幼苗生长缓慢，而且会影响花芽的分化；若高于 70%，则会造成根系发育不良，地上部生长瘦弱，节间伸长，影响开花结果。

2. 开花下针期

花生开花下针阶段既是植株营养体迅速生长的盛期，也是大量开花、下针、形成幼果、生殖生长的盛期，是花生一生中需水量最多的阶段。土壤水分以土壤最大持水量的 60%～70% 为宜。水分过少会中断开花，水分过多则排水不良，土壤通透性差，进而影响根系和荚果的发育，也会造成植株徒长倒伏。

3. 荚果发育至成熟阶段

花生植株营养体的生长逐渐缓慢至停止，需水量逐渐减少。荚果发育只需适量水分，土壤水分以土壤最大持水量的 50%～60% 为宜。若低于 40%，会影响荚果的饱满度；若高于 70%，则不利于荚果的发育，甚至会造成烂果。

（三）花生对光照的要求

花生属于短日照作物。一般来说，花生对光照的要求并不严格，但不同品种对日照的敏感性有一定差异。光合产物不足时，会导致生长前期生长不旺，影响后期荚果发育。因此，白天光照 6～8 小时为宜。

（四）花生对土壤的要求

花生是地上开花地下结果的作物，对土壤的要求是以耕作层疏松、活土层深厚的沙壤土最为适宜，熟化的耕作层在 30 厘米左右，结荚层是松软的沙壤土。上层通气通水性好，昼夜温差大；下层蓄水，保肥力强，热容量高，使土壤中水、肥、气、热得到协调统一，有利于花生生长和荚果发育。

二、花生的主要栽培方式

（一）花生与其他作物轮作

花生是连作障碍比较严重的作物。与其他作物轮作，可以利用与轮作作物在植物学特征、生物学特性和栽培方法上的不同，发挥作物间的互补优势。首先，可以充分发挥土壤肥力潜力。在安排轮作时，要考虑作物组成及轮作顺序，参加轮作的各种作物的生态适应性，要适应当地的自然条件和轮作地段的地形、土壤、水利和肥力条件，能充分利用当地的光、热、水等资源。其次，选好作物组合，要做到感病作物和抗病作物、养地作物和耕地作物间的合理搭配，前作要为后作创造良好的生态环境。要考虑轮作周期，避免轮作周期过短。

在青海省，可以选择生姜—马铃薯—花生—辣椒、生姜—马铃薯—花生—有机菜花、马铃薯—花生—有机菜花—油白菜、马铃薯—花生—有机菜花—莴笋、马铃薯—雪莲果—花生—有机菜花等套种模式进行种植。

（二）生姜套种马铃薯、花生一年三茬高效栽培套种模式

1. 播种时间

12月中旬种植马铃薯，翌年4月下旬收获；2月中旬套种生姜，11月下旬收获；5月上旬套种花生，9月上旬收获。

2. 效益分析

马铃薯亩产3 000千克，每千克3元，产值9 000元；生姜亩产1 500千克，每千克8元，产值12 000元；花生亩产800千克，每千克8元，产值6 400元。该套种模式每亩合计收入27 400元，每亩地投入5 000元，每亩地纯收入22 400元。

（三）生姜套种马铃薯、有机菜花一年三茬高效栽培套种模式

1. 播种时间

12月中旬种植马铃薯，翌年4月下旬收获；2月中旬套种生姜，11月下旬收获；9月中旬定植有机菜花，11月下旬收获。

2. 效益分析

马铃薯亩产3 000千克，每千克3元，产值9 000元；生姜亩产1 500千克，每千克8元，产值12 000元；有机菜花亩产5 000千克，每千克6元，产值30 000元。

该套种模式每亩合计收入 51 000 元，每亩地投入 10 000 元，每亩地纯收入 41 000 元

（四）马铃薯套种花生、油白菜一年三茬高效栽培套种模式

1. 播种时间

12 月中旬种植马铃薯，翌年 4 月下旬收获；5 月上旬套种花生，9 月上旬收获；11 月下旬直播油白菜，第三年 1 月下旬收获上市。

2. 效益分析

马铃薯亩产 3 000 千克，每千克 3 元，产值 9 000 元；花生亩产 800 千克，每千克 8 元，产值 6 400 元；油白菜亩产 3 000 千克，每千克 4 元，产值 12 000 元。该套种模式每亩合计收入 27 400 元，每亩地投入 7 000 元，每亩地纯收入 20 400 元。

（五）马铃薯套种花生、有机菜花、莴笋一年四茬高效栽培套种模式

1. 播种时间

12 月中旬种植马铃薯，翌年 4 月下旬收获；5 月上旬套种花生，9 月上旬收获；9 月中旬套种有机菜花，11 月中旬收获；11 月下旬种莴笋，第三年 1 月下旬收获，春节上市。

2. 效益分析

马铃薯亩产 3 000 千克，每千克 3 元，产值 9 000 元；花生亩产 800 千克，每千克 8 元，产值 6 400 元；有机菜花亩产 4 000 千克，每千克 4 元，产值 16 000 元；莴笋亩产 2 000 千克，每千克 4 元，产值 8 000 元。该套种模式每亩合计收入 39 400 元，每亩地投入 15 000 元，每亩地纯收入 24 400 元。

（六）马铃薯套种生姜、花生、有机菜花一年四茬高效栽培套种模式

1. 播种时间

12 月中旬种植马铃薯，翌年 4 月下旬收获；2 月中旬套种生姜，11 月下旬收获；5 月上旬套种花生，9 月上旬收获；9 月中旬定植有机菜花，11 月中旬收获。

2. 效益分析

马铃薯亩产 3 000 千克，每千克 3 元，产值 9 000 元；生姜每亩生产 1 500 千克，每千克 8 元，产值 12 000 元；花生亩产 800 千克，每千克 8 元，产值 6 400 元；有机菜花亩产 5 000 千克，每千克 6 元，产值 30 000 元；该套种模式每亩合计收入 57 400 元，每亩地投入 10 000 元，每亩地纯收入 47 400 元。

第三节 露地靠黄河沿岸两种作物套种新技术

一、林果类幼树下套种毛豆

大樱桃幼树下行间铺黑色地膜，点播早熟新品种"荷豆新3号"毛豆2行，行株距40厘米×15厘米，一年两茬高效栽培。毛豆于阳历4月中旬播种，每亩播种量8千克，定苗12 000~15 000株，5月20日调查显示，出苗整齐一致，出苗率达95%，分枝数4~5个，平均株高70~80厘米，全生育期100天左右。7月上旬经专家测产验收结果表明，亩产鲜果可达700千克，按照市场批发价格每千克6元计算，每亩收益为4 200元，每亩扣除2 000元成本，亩纯收入为2 200元。大樱桃每棵树结果5千克，按照市场批发价格每千克20元计算，每亩定植50棵，每亩纯收入5 000元（50棵×5千克×20元）。每亩扣除2 000元成本，亩纯收入为3 000元，树上下两茬每亩共收入为9 200元，亩两茬扣除4 000元成本，亩纯收入为5 200元。

二、林果类幼树下套种紫皮大蒜

春播大蒜，夏季收获，苗期较短养分积累少。春播大蒜产量质量都不如秋播大蒜，要想春播大蒜产量质量有所提高，必须选好品种，于阳历4月中旬在大樱桃幼树下行间铺黑色地膜点播中熟品种"乐都紫皮大蒜"4行，行株距10厘米×15厘米，一年两茬高效栽培。乐都紫皮大蒜于阳历4月中旬播种，每亩播种量200千克，5月20日调查显示，出苗整齐一致，出苗率达97%，叶数3~4片，平均株高6~10厘米，全生育期110天左右。7月下旬经专家测产验收结果表明，亩产乐都紫皮大蒜2 000千克，按照市场批发价格每千克10元计算，每亩收益为20 000元。大樱桃树每棵结果为5千克，按照市场批发价格每千克20元计算，每亩定植50棵，亩纯收入为5 000元（50棵×5千克×20元）。每亩扣除2 000元成本，亩纯收入为3 000元，树上树下两茬每亩共收入为25 000元，亩两茬扣除4 000元成本，亩纯收入为

21 000 元。

三、露地红薯与毛豆套种

红薯套种"新 3 号"毛豆高垄栽培。铺黑色地膜行间 80 厘米,点播早熟"新 3 号"毛豆 2 行, 行株距 40 厘米 ×15 厘米,一年两茬高效栽培。红薯于阳历 4 月下旬以斜度为 45° 栽苗,10 月下旬收获,经专家测产验收结果表明,亩产红薯达 3 460 千克,每千克 2 元计算,产值为 6 920 元。套种"新 3 号"毛豆于 4 月下旬播种,7 月下旬收获,亩产鲜果 700 千克,每千克 6 元,产值为 4 200 元,每亩地合计纯收入为 11 120 元,扣除每亩地 4 000 元成本,亩纯收入为 7 120 元。

通过实施一年两茬高效栽培技术,亩产比当地小麦增产 30%~40%,群众认可产量产值,效益高,应当规范推广。

四、露地玉米与毛豆套种

(一)整地、施底肥

试验地播种前 7 天,施足底肥,深翻 20~30 厘米,细耙 1~2 遍,亩施有机肥 6 000~7 000 千克、过磷酸钙 100 千克、复合肥 100 千克、硫酸钾 10 千克。然后用耙齿将肥料和土壤混匀,浇底水,待表土湿度适宜,翻地抹平播种。

(二)品种选择

玉米与毛豆要选籽粒饱满、无病虫害、丰产性能好、增产潜力大、当地热量和生长期能满足完全成熟的品种。

(三)适时播种

播种方式为平铺黑地膜,播种量为每亩玉米 8 千克、毛豆 20 千克,同步进行,均在阳历 4 月下旬进行,两边各种植 2 行玉米,株间距 30～40 厘米,中间种植 6 行毛豆,株间距 10～40 厘米,先铺膜后播种,穴播 2~3 粒,播深 4~5 厘米,覆土 1~2 厘米。

(四)浇水追肥

1.浇水

播种前为了防止地表板结和低温影响幼苗出土,不干时一般不浇水,干时可浇小水。因此,播种前必须浇足底水,以保证幼苗顺利出苗。

（1）发芽期。出苗后第一水要浇得适时，不可太早或太晚。若浇得太早土壤表面易板结，幼苗出土困难，造成出苗不齐；若浇得太晚，幼苗受旱，芽荚容易干枯。一般播种半月后浇一小水，2~3天后紧接着浇第二小水，然后中耕保墒，可促进幼苗旺盛生长。

（2）幼苗期。幼苗生长慢，生长量小，因而需水不多。因其根芽较发达，对水分要求比较严格。缺水时应早、晚小水勤浇，保持土壤湿度在70%~75%。

（3）旺盛生长期。地下根茎大量生长，蒸腾面积迅速扩大，植株生长快，生长量大，开始根茎膨大和分枝，这时需水量增多，一般每隔8~10天浇一遍透水，经常保持土壤相对湿度在70%~80%。

2. 追肥

玉米、毛豆生长期较短，对肥料的需求量大，应根据不同生长期对肥料的吸收规律合理施肥。

（1）发芽期。生长量小，植株主要依靠种子本身储藏的养分生根，从土壤中吸收得很少。因而一般不需追肥。

（2）幼苗期。植株生长量也较小，对肥料需求不多，适当少施氮肥，可促进幼苗健壮。

（3）旺盛生长期。玉米、毛豆进入旺盛生长期，应在苗高30厘米，玉米叶8~10片，毛豆产生2~3个分枝时追一次小肥，提高壮棵率。"壮苗肥"每亩施氮肥20千克、过磷酸钙10千克，可促进植株生长，大大加快根茎叶快速生长。进行追肥称"特折肥"，以磷钾肥为主，每亩施过磷酸钙40千克、硫酸钾20千克，距根部15厘米处开沟撒施而后覆土，随后浇透水，8月下旬植株地上部生长基本稳定，生长中心为毛豆初期结荚，玉米结穗和长粒，需肥多，在此期间进行追肥，称为"补充肥"。一般亩施复合肥40千克、硫酸钾30千克，施肥方法同上。

玉米套种毛豆施肥应遵循其需肥规律合理施肥，才能充分发挥肥效，使玉米套种毛豆达到高产优质。

（五）收获期

玉米套种毛豆的收获期可分为收毛豆鲜果和成熟玉米两种。收毛豆鲜果为7月下旬至8月上旬收获上市；玉米于10月上旬收获。

（六）玉米、毛豆病虫害及其防治

1. 毛豆根腐病

根腐病也叫烂根病、开花病。

（1）危害症状。主要侵害毛豆根部和茎基部，一般花出苗后7天开始发病，3-4周后进入发病高峰。染病后，上部真叶中午萎蔫，病株下部叶片发黄，从叶片边缘开始枯萎，但不脱落。起初病株可见主根的上部和颈的地下部分呈黑褐色，病部稍下陷，有时开裂。剖视颈部，可发现维管束变褐。病株侧根少或腐烂死亡。

（2）发病规律。腐病主要为土传染。田间扩展靠流水和耕作活动。发展混房为20.30度，土壤含水量在10%以下，对病害发生发展有利，一般效土地比粘土地发病重，连作地比战作地发病重。

（3）防治方法

①选用抗病良种，如荷豆3号、毛豆新3号、翠绿宝毛豆等。

②加强栽培管理，选用无病毛豆，适时耕种

③战作换茬，可与小麦、玉米、绿肥等换茬。

④药剂防治。用50%托布津可湿性粉剂每亩用500~600倍液喷雾；多菌灵可湿性粉剂每亩用400~500倍液喷雾，每隔7天喷一次连续喷2~3次效果显著

2. 毛豆花叶病

（1）危害症状。花叶病是一种病毒病害，主要有毛豆普通花叶病毒嫩叶染病后，初期出现明脉，缺绿或皱缩现象，继续生长的嫩叶呈现花叶的绿色部分凸起或者四下呈袋形，叶片通常向下弯曲，有些品种感病后，叶片变为畸形，感病植株矮缩，开花延迟。果英很少发病。

（2）发病规律。病毒不耐干燥，花多年生缩根植物上越冬，无蚜虫进行待播。

（3）药剂防治。发病初期喷20%毒克星可湿性粉剂500倍液或5%菌毒清可湿性粉剂500倍液，或20%病毒宁水落性粉剂500倍液。每隔7天喷一次，连喷2~3次。

3. 玉米毛豆虫害及防治

虫害以地下虫害为主，主要有地老虎、蝼蛄、蛴螬等。玉米、毛豆在生长期的地上害虫有斜纹夜蛾、卷叶虫、蚜虫等。多发生于7月中旬至9月底。使用药物防治时，要注意高效低毒农药勿使用，保证收获之前无残留农药

（七）经济指标

玉米平均亩产量达 600 千克，每千克 2 元，亩收入 1 200 元，毛豆鲜果平均亩产量达 700 千克，每千克 6 元，亩收入 4 200 元，二者合计亩收入 5 400 元，扣除每亩投入 2 400 元，新增收入 3 000 元。

该规范具有良好的经济效益和社会环境效益，可改变当地单一的种植模式，通过传帮带技术产业链延伸，拉动经济种植技术增加群众收入。

第二章　水肥一体化技术在套种栽培模式中的应用

红薯是一种重要的粮食、饲料及工业原料作物。近年来，随着种植环境的改变，红薯种植田块逐步演变成设施温室、大棚套作地种植，用途也在改变，种植效益显著提高。水肥一体化技术是现代种植业发展的一项综合管理技术，它是在灌溉的同时，通过灌溉设施将肥料输送到作物根区的一种施肥方式，是一种作业工序简单的栽培技术，其主要内容是机械化或半机械化栽培技术，具有显著的节水、节肥、省工、高效、优质、环保等优点。由于劳动力、水资源短缺及国家对灌溉设备的补贴，该技术具有广阔的发展前景。红薯生产与水肥一体化技术相结合主要有以下几点：

一、选地

要求排水畅通，表土疏松，有灌溉水源，利于大型机械展开的地块，最好是土层深厚、无红薯病害的生茬沙质土壤，pH 保持在 5.0~7.0 为宜。

二、前期准备

采用旋耕机旋耕使土壤疏松，表土层深度达 30 厘米，使用红薯专用起垄机进行起垄、施肥、喷药、铺管、覆膜。

（一）起垄

机械起垄时高度为 25~30 厘米，垄宽为 90~100 厘米，机械起垄可使垄深浅均匀，垄间距离可以严格控制，使土地利用率显著提高。

（二）施肥

使用颗粒状的商品有机肥作底肥，有机肥选择应当注意颗粒的完整性，否则容易在使用中发生卡塞机器的问题。由于有机肥集中施用于整条垄中，减少了非红薯根系区域的肥料浪费，所以有机肥每亩用量在 200 千克左右。

（三）喷药

将预先稀释好的农药喷施于即将起垄的土壤上，每亩使用 72% 异丙甲草胺乳油 0.1~0.15 升兑水 30~40 升，主要防治马唐、金狗尾草、芥菜、牛筋草、早熟禾、画眉草、臂形草、黑麦草、虎尾草、小野芝麻、油莎草等，确保后茬作物安全。

（四）铺管

机械同时将一次性滴灌带铺设在所起的垄面中间凹陷处，红薯田中的滴灌带由于田间操作和地下害虫的破坏，不能多年重复使用，所以在生产中推荐一年更换一次，滴灌带的规格为滴头间距 20 厘米，出水量 1.7 升 / 小时即可满足要求。

（五）覆膜

铺黑色地膜不仅可以提高红薯垄的土壤温度之外，还可以抑制杂草的生长。

三、移栽

单垄双行种植。可采用双打孔器在覆膜垄面上打 2 行相互交错的孔穴，一次可打 20 个，株距 20~25 厘米，行间距 45~50 厘米。因为种薯常带有黑斑病和根腐病的病原物及部分线虫，育苗时薯块携带的病菌会从块根向薯苗顶部移动。因此，可采用高剪苗技术，即在苗床上距苗基部 3~5 厘米处将苗剪下，可减少薯苗黑斑病、茎线虫病等病原物的携带量，有效防止或减轻大田病害的发生。前提是高剪苗薯苗要适当多练苗 3 天以上，以适应外界大田的环境，栽后缓苗快。再用稀释 1 000 倍的多菌灵可湿性粉剂浸泡高剪苗基部 5~8 分钟，把薯苗斜插式移栽于孔穴中，然后及时浇水保苗，试验证明成活率可保证在 98% 以上。

四、膜下滴灌施肥

在红薯生长的团棵期、封垄期、薯块膨大期利用已经铺设的滴灌带进行膜下滴灌施肥，用量分别为每亩氮 5 千克、磷 12 千克、钾 15 千克，团棵期、封垄期和薯块膨大期的肥料用量分别为每亩氮 10 千克、磷 20 千克、钾 24 千克。在红薯生长中后期，可酌情施肥，结合氮、磷、钾肥施用部分有机整合态的微量元素肥料，这样有利于薯块对微肥的直接吸收利用。

（一）配肥

施用液态肥料时不要搅动或混合，一般固态肥料需要与水混合搅拌，搅拌成液肥，必要时分离，避免出现沉淀等问题。在使用施肥器时应当配备施肥桶。根据地块大小配备不同大小的施肥桶，施肥桶底部打孔连接施肥器的进肥口或用橡胶皮管一端与施肥器连接，另一端放在施肥桶底部。在施肥时调节主管路的球阀，使施肥器前后产生压力差，进而在进肥口处形成负压，将肥料吸入管路。

（二）施肥量控制

施肥时要掌握剂量，注入肥液的适宜浓度大约为灌溉流量的 0.1%。例如灌溉流量为每亩 50 立方米时，注入肥液大约为每亩 50 升，过量施用可能会使作物致死以及污染环境。

（三）施肥程序

灌溉施肥的程序分 3 个阶段：第一阶段选用不含肥的水浸润，第二阶段使用肥料溶液灌溉，第三阶段用不含肥的水清洗灌溉系统。

五、机械化收获

青海黄南州、青海东部暖区红薯正常收获期为 9 月上中旬，也可以根据市场需求和田间长势提前收获。大多数红薯呈纺锤形，薯块较大，大中薯率高，可采用手扶拖拉机带专用收获犁尖将薯垄破开，红薯滚落两边后人工捡拾。这种犁垄收获方式漏犁、掩埋较少，基本不用人工补挖，每天可收 7~8 亩，工作量相当于 10~15 个人工挖掘。平原地区一般采用大中型拖拉机牵引专用收获机械完成机械化收获，该机械为联合收获机，具有茎叶清除功能，可以一次完成挖掘—运输—分离—清选—升运过程，与拖拉机配套，配有液压控制系统，结构比较复杂，虽然价格昂贵，但效率较高。

六、田间管理

在上述技术方案的基础上，加强田间管理，如果发生病虫害，可根据程度适当施用高效、低毒、低残苗的生物农药加以防治，并在整个生育期内土壤缺水时利用已经铺设的滴灌带进行膜下滴灌，通过选择有利于根系发育、块根的形成和膨大，保证薯块的外观商品性；通过施用有机肥，可改善土壤的物理性状，使土壤水、气协调，益于微生物的繁殖活动，加速有机肥料分解，利于薯苗生长、薯块增多和膨大；通过起高垄，可增大光合作用的面积；铺黑色地膜，可提高地温，抑制杂草生长，防止薯蔓不定根的发生；采用高剪苗技术，可在很大程度上避免薯苗携带病菌，预防黑斑病、根腐病及线虫病；采用双排打孔器，可保证薯苗栽插深浅一致；根据红薯需水需肥特性，分期进行滴灌施肥或浇水，可起到提高薯苗成活率，防止中期地上部疯长、后期脱肥早衰现象发生的作用，促进红薯光合作用产物向薯块转移，从而实现红薯的优质、稳产、高产。

第三章　生姜、花生及红薯的主要病虫害及其防治

第一节　生姜主要病虫害及其防治

一、生姜主要病害及其防治

（一）姜瘟病

姜瘟病又称生姜腐烂病，是生姜生产中最常见且普遍发生的一种毁灭性病害，发病地块一般减产 10%~20%，重者减产 50% 以上，甚至绝产，对生姜生产构成严重威胁。

1. 症状

植株受病菌侵害后，不论茎叶或根茎，都会出现症状。根茎发病初期呈水渍状，黄褐色，无光泽，后内部组织逐渐软化腐烂，仅残留外皮，挤压病部可流出污白色米水状汁液，散发臭味。根部被害呈淡黄褐色，终至全部腐烂。地上茎被害呈暗紫色，内部组织变褐腐烂，残留纤维。叶片被害呈凋萎状，叶片自下而上变成枯黄色，边缘卷曲，最终全株下垂枯死。

2. 病原

姜瘟病是一种细菌性病害，其病原为青枯假单孢杆菌，它不仅浸染生姜，而且

侵害番茄、茄子、辣椒等茄科作物。

3. 发病条件

病原菌主要在根茎和土壤中越冬，一般在土中可存活 2 年以上，带菌种姜是主要初浸染源，并可借助姜种运作距离传播，种植带菌种姜长出的苗就会发病。此外，在发病的姜田，因病残体遗落地里，致使土壤带菌。如重茬连作，往往发病早且危害重。及时将无病种姜种在带菌土壤里，也会引起发病，所以病土也是姜腐烂病的重要浸染来源。

4. 防治方法

种姜前用 1∶1∶10 的波尔多液浸种 20 分钟，掰姜后将掰口蘸新鲜、清洁的草木灰封伤口，种植前用 1∶100 的福尔马林液浸种 10 分钟，发现病株后，用 50% 多菌灵 500 倍液灌根，对防止病害蔓延有一定效果。

（二）姜叶枯病

1. 症状

姜叶枯病主要为害叶片。叶片发病，呈现黄白叶斑，病斑黄褐色，边缘褐色，后期病斑表面生出黑色小粒点。发病严重时，叶片布满病斑连成片，致使整个叶片变褐枯萎，斑点中部变薄，易破裂或穿孔，严重时斑点密布，姜叶似星点状，发病后期病株全叶变褐凋萎。

2. 生活习性及发生规律

病菌在残叶上越冬，翌年借风雨、昆虫和农事操作传播蔓延。病菌喜高温高湿环境。高温季节遇连续阴雨或多雾、多露天气有利于发病和病情发展。此外，氮肥过量、植株徒长或过密、通风不良时，病害加重。连作地发病严重。

3. 防治方法

可用 70% 甲基托布津 1 000 倍液，或 75% 百菌清 1 000 倍液，于发病初期全株叶面喷雾防治，隔 7~10 天喷一次药，连喷 3 次。也可选用 75% 百菌清可湿性粉剂 600 倍液，或 70% 代森锰锌可湿性粉剂 500 倍液，或 50% 多菌灵可湿性粉剂 500 倍液，或 65% 多果定可湿性粉剂 1 500 倍液，或 80% 新万生可湿性粉剂 600 倍液浇灌。

（三）姜根腐病

1. 症状

发病初期，地表茎叶处出现黄褐色病斑，然后植株下部叶片、叶尖端及叶缘褪绿变黄后蔓延至整个叶片，并逐渐向上部叶片扩展，最后使地上部茎叶黄花倒伏，姜凋后枯死。地下部块茎染病，呈腐烂状，散发出臭味。

2. 发生规律

病菌以菌丝体在种姜遗落土中的病残体上越冬。病种姜、病残体和病肥成为本病的初浸染源。借雨水和灌溉水传播进行初浸染和再浸染。日暖夜凉天气易发病，特别是姜栽培前期较干，地块无荫蔽，中期遭暴雨时病害极易发生和流行。地势低洼积水、土壤含水量大、土质黏重易发病。种植带病种姜或连作发病重。

3. 种子处理

播种前用 20% 龙克菌 500 倍液浸种 20 分钟。挑选种姜时要剔除病弱姜。种姜可用 64% 杀毒矾 500 倍液浸泡 1~2 小时，捞起拌草木灰下种。或土壤处理：播种沟开好后，填入农家肥，每亩用 2~3 千克敌克松或 3 千克抗枯萎菌肥拌适当细土撒在农家肥上，可杀灭土肥中的病菌，降低菌原基数，减轻后期病害发生。

4. 防治方法

在病害发生期用 20% 龙克菌 500~700 倍液灌根，间隔期为 7~10 天，到霜降时停止用药。发病初期及时用 70% 克露可湿性粉剂 1 000 倍液，或 25% 伊得利乳油 1 500 倍液，或 50% 瑞毒铜可湿性粉剂 800 倍液，或 15% 恶霉灵水剂 500 倍液，或 30% 苗菌敌可湿性粉剂 500 倍液浇灌。田间发现病害，每亩可用 55% 敌克松 2.5 千克，如为复方敌克松，每亩用量以 3.5 千克为宜。

（四）姜纹枯病

1. 症状

幼苗、成株均可发病。幼苗发病多在幼苗茎基部靠近地际处变褐，引起幼苗立枯而死。成株期发病，叶片上病斑初期为椭圆形至不规则形，扩展后常融合成"云状"，边缘褐色，中央淡褐色或灰白色。茎秆发病，病斑同叶片，湿度大时在病斑部可见微细的褐色丝状物。

2. 发生规律

病菌以菌丝体、菌核在杂草和田间其他寄主上越冬。翌年菌核萌发产生菌丝进行初次浸染。雨水、灌溉水、农具可传播，在 13~42℃ 范围内均可生长，发育适温在 24℃ 左右。喜湿耐干，土壤湿润或高温多湿，郁蔽高湿，偏施氮肥，均易发病。

3. 防治方法

发病初期及时喷布或浇灌 20% 甲基立枯磷乳油 1 200 倍液，或 10% 甲基立枯磷水悬剂 300 倍液，或 2% 农抗 120 水剂 2.5 倍液，或 40% 纹枯利可湿性粉剂 1 000 倍液，或 50% 田安水剂 500 倍液，或 20% 的甲基立枯磷 1 500 倍液浇灌，效果较好。

（五）姜炭疽病

1. 症状

葱叶尖或叶缘开始出现近圆形或不规则形湿润状的褪绿病斑，后期互相连接成不规则形大斑，严重时可使叶片干枯。潮湿时病斑上长出黑色的小粒点。该病亦可为害茎和叶梢，在茎和叶梢上形成短条形病斑，亦长有黑色小粒点，严重时可使叶片下垂，但仍保持绿色。

2. 发生规律

病菌在病部或随病残体遗落在土中越冬。以分生孢子作为初浸与再浸接种体，借助雨水溅射等传播。从伤口进入致病。连作地、低洼潮湿地或植株偏施氮肥生长过旺时，易诱发本病。

3. 防治方法

及时喷洒 70% 甲基硫菌灵可湿性粉剂 1 000 倍液加 75% 百菌清可湿性粉剂 1 000 倍液，或 50% 苯菌灵可湿性粉剂 1 000 倍液，或 50% 复方硫菌灵可湿性粉剂 1 000 倍液，或 25% 炭特灵 500 倍液，或 80% 炭疽福美 800 倍液，共喷 2~3 次，隔 10~15 天喷一次，前密后疏，交替喷施，均匀喷足。

（六）姜枯萎病

1. 症状

姜枯萎病主要为害地下块茎。病株地上茎叶凋萎，严重时枯萎而死。地下块茎变褐，但不呈水渍状半透明，挤压患病部有清液渗出，不呈乳白色浑浊状。从土壤中挖出带病块茎，其表面常长有黄白色菌丝体。

2. 发生规律

随病残体在土壤中越冬，病残体分解后病菌还可在土壤中存活较长时间。带菌粪便、带病土壤、带菌种姜也是翌年重要初浸染来源。发病后，病部产生的分生孢子由伤口浸入，借雨水溅射传播进行再浸染。

3. 防治方法

可在发病初期用 50% 多菌灵可湿性粉剂 500 倍液，或 70% 甲基托布津可湿性粉剂 800 倍液，或 10% 双效灵水剂 300 倍液，或 60% 百菌通可湿性粉剂 500 倍液灌根，或喷淋病穴及四周植穴。或 10% 混合氨基酸铜水剂 400 倍液，或 70% 琥·乙膦铝可湿性粉剂 300~400 倍液。防治 1~2 次，以控制病害蔓延。

（七）姜眼斑病

1. 症状

姜眼斑病主要为害叶片。叶斑初为褐色小点，后叶两面病斑扩为梭形，形似眼睛，故称眼斑病或眼点病。病斑灰白色，边缘浅褐色，病部四周黄晕明显或不明显，湿度大时，病斑两面有暗灰色至黑色霉状物。发病严重时，叶片上病斑连片，造成黄枯而死。

2. 发生规律

病菌随病残体在土壤中越冬。翌年越冬菌浸染引起田间植株发病，病株产生大量分生孢子，借风传播而扩散，引起再浸染，病害不断扩展蔓延。病菌喜温室条件，温暖、多湿条件有利于病害发生和发展。地势低洼、多湿、肥料不足，特别是钾肥不足时发病重。管理粗放、植株生长不良时，病害明显加重。

3. 防治方法

发病初期及时用药剂防治，药剂可选用 30% 氧氯化铜悬浮剂 600 倍液，或 12% 绿乳铜乳油 500 倍液，或 30% 绿得保悬浮剂 400 倍液，或 77% 可杀得可湿性微粒粉剂 1 500 倍液，或 40% 百霜净胶悬剂 600 倍液。重病地或田块可喷洒 30% 碱式硫酸铜胶悬剂 300 倍液，或 30% 氧氯化铜悬浮剂 600 倍液，或 77% 可杀得可湿性粉剂 600 倍液，或 50% 克瘟散乳油 800 倍液，或 50% 速克灵可湿性粉剂 1 500 倍液。

（八）姜花叶病毒病

1. 症状

生姜花叶病毒病主要为害叶片，在叶片上出现淡黄色线状条斑，引起系统花叶。

2. 发生规律

病毒不耐干燥，在多年生宿根植物上越冬，靠蚜虫进行传播。

3. 防治方法

发病初期喷 20% 毒克星可湿性粉剂 500 倍液，或 5% 菌毒清可湿性粉剂 500 倍液，或 20% 病毒宁水溶性粉剂 500 倍液，或 0.5% 抗毒性 1 号水剂 250 倍液。每隔 10 天喷一次，连续喷 2~3 次。

（九）生姜病毒病

1. 症状

生姜病毒病主要为害叶片，在叶面上出现淡黄色线状条斑，引起系统花叶。严重时，植株萎缩、矮化。

2. 发生规律

引起生姜病毒病的主要病原有黄瓜花叶病毒和烟草花叶病毒。病毒在多年生宿根植物上越冬，靠蚜虫进行传播。

3. 防治方法

发病初期及时喷洒 20% 毒克星可湿性粉剂 500 倍液，或 5% 菌毒清可湿性粉剂 500 倍液，或 20% 病毒宁水溶性粉剂 500 倍液，隔 5~7 天喷一次，连续喷 2~3 次。

二、生姜主要虫害及其防治

（一）姜螟

姜螟又称"钻心虫"，不仅为害生姜，还会为害玉米、高粱等作物。

1. 症状

幼虫孵化 2~3 天后，便从叶梢与茎秆缝隙或心叶侵入，咬食嫩叶和茎，使嫩叶呈薄膜状或使茎秆空心，在伤处残留粪屑。姜苗受害后，茎叶枯黄凋萎，茎易折断。

2. 形态特征

姜螟成虫呈灰黄色或灰褐色，体长 10~15 厘米。前翅灰黄色，边缘有 7 个黑点，后翅白色。雄蛾略小，体色和翅色略深，触角鞭状；雌蛾前翅黑点不明显，触角丝状。卵长 1.3 毫米左右，粗 0.8 毫米左右，淡黄色，扁椭圆形，卵粒表面有龟状刻印，卵块成 2 行排列，产于叶片背面。幼虫体长 28 毫米左右。初卵时乳白色，成熟后淡黄色，背面有褐色突起，两侧有紫色亚背线。蛹长 12~16 毫米，红褐色至暗褐色，腹末稍钝。腹部各节间有白色环线。

3. 生活习性及发生规律

姜螟一年内可发生 3~4 代。世代重叠。以末代老熟幼虫在作物或杂草上越冬，翌春化蛹。成虫羽化后，白天隐藏在作物及杂草间，傍晚飞行，有趋光性。夜间交配，交配后 1~2 天产卵，每只雌虫平均产卵 180~210 粒，幼虫孵化后开始咬食茎叶。青海地区一般于 6 月上中旬开始出现幼虫，一直为害至姜收获，其中 7~8 月发生量大，危害重。

4. 防治方法

叶面喷施 50% 杀螟松乳剂 500~800 倍液，或 80% 敌敌畏乳油 800~1 000 倍液，或 90% 敌百虫 800~1 000 倍液，从 6 月初开始每隔 7~10 天喷一次。

（二）小地老虎

1. 症状

小地老虎俗称土蚕、地蚕，在各地普遍发生，它为害各种蔬菜及农作物幼苗，也是苗期的重要害虫之一，为害时一般于姜苗基部伤害茎髓，造成心叶萎蔫、变黄或猝然倒地。

2. 形态特征

成虫体长 16~23 毫米，翅展 42~54 毫米，深褐色，前翅由 2 条横线将全翅分为 3 段，具有显著的肾状斑、环形纹、棒状纹和 2 个黑色的剑状纹；后翅灰色，无斑纹，卵长约 5 毫米，半球形，表面具纵横隆起，初产时乳白色，后出现红色斑纹，孵化前呈灰黑色。幼虫体长 37~47 毫米，灰黑色，体表布满大小不等的颗粒，臀板黄褐色，有 2 条深褐色纵带。蛹长 18~23 毫米，赤褐色，有光泽，第五至第七腹节背面的刻点比侧面的刻点大，臀为 1 对短刺，中间分开。

3. 生活习性

小地老虎一年内可发生数代，以老熟幼虫及蛹在土中越冬，每年主要以第一代幼虫为害姜苗。成虫夜间交配产卵，卵产于杂草或贴近地面的叶背及嫩茎上，每只雌蛾平均产卵 800~1 000 粒，成虫对黑光灯及糖、醋、酒有较强趋性。幼虫共 6 龄，3 龄前白天潜伏土中，夜间出来活动，咬食姜苗。小地老虎喜温暖潮湿环境，最适发育温度为 13~25℃，在雨量充足或浇水条件好的地区较易发生。

4. 防治方法

清除田间杂草，消灭虫卵及幼虫，用糖、醋、白酒、水和 90% 的敌百虫按 6∶3∶1∶10∶1 调匀，洒于田间诱杀成虫，用灭杀毙 8 000 倍液，或 90% 敌百虫 800 倍液，或辛硫磷 800 倍液喷杀。

（三）生姜根结线虫病

生姜根结线虫病又名生姜癞皮病，是由根结线虫浸染后引起的一种病害。近年来发病较重，成为生姜生产中的重要虫害之一。

1. 症状

根结线虫主要浸染生姜的根和根茎，浸染后植株发育不良，叶小、色暗、茎萎缩，根部产生大小不等的瘤状根结，根茎表面产生瘤状并出现裂口或伤痕，表皮干燥后形成粗糙的伤痕，像疥疮一样，俗称"癞皮"。轻者影响生姜的商品性，重者不堪食用。病姜不能储藏，否则会大量腐烂。

2. 发生规律及传播途径

根结线虫以卵在土壤中越冬，次年以越冬卵孵化的幼虫和越冬幼虫作为初浸染源自根尖侵入寄主，并刺激根部细胞增生和增大，形成根结。线虫在根结内逐渐发育成成虫，发育成熟的成虫产卵于根结中，卵脱离根结落入土壤，遇到适宜的温度和湿度条件，发育成幼虫再次侵入寄主。

根结线虫主要以病土、病菌、灌溉水等途径传播。土壤温度 20~30℃，土壤湿度 40%~70% 适合线虫繁殖。土温超过 40℃ 和低于 5℃ 时线虫很少活动，55℃ 经 10 分钟可致死。

3. 防治方法

严格选用无病姜种实行轮作换茬，并在雨季土地休闲时深翻，大水漫灌或水淹地面，并用塑料薄膜覆盖提高地温。15~20 天后大部分线虫会因缺氧窒息而死，可显著减少虫口密度。

药剂防治，用 3% 米乐尔颗粒剂和 5% 克线磷颗粒剂灌根，每亩 3~5 千克有较好的防治效果。

（四）蓟马

蓟马是一种食草性很杂的害虫，除为害姜外，还为害百合科、葫芦科和茄科等多种蔬菜作物，也能为害烟草、棉花等作物。蓟马的成虫和若虫均以刺吸式口器吸食植物汁液。生姜叶受害后会产生很多细小的灰白色斑点，受害严重时叶片枯黄扭曲。

1. 形态特征

蓟马成虫体长 1~1.3 毫米，体色自淡黄色至深褐色，多数为淡褐色，复眼紫红色，呈粗粒状，稍突出，触角 7 节。雄虫无翅，雌虫有翅，翅淡黄褐色。卵肾形，黄绿色。若虫共分 2 龄，1 龄若虫白色透明；2 龄若虫体长约 0.9 毫米，形态似成虫，体色自浅黄色至深黄色。蛹体型似 2 龄若虫，已长出翅芽，能活动，但不取食。

2. 生活习性

蓟马在北方地区一年可发生 10 代左右，主要以成虫和若虫在越冬大蒜和大葱的叶梢内越冬，蓟马成虫很活跃，会飞也会跳，忌光，躲在叶腋或叶荫处为害。蓟马发生的适宜温度为 23~28℃，相对湿度为 40%~70%，故每年 5 月下旬至 6 月上旬危害严重。7 月以后气温高，降雨也逐渐增多，蓟马的发生受到一定抑制，虫口数量有所减少。

3. 防治方法

早春清除田间杂草和残株、落叶并集中烧毁或深埋，消灭越冬成虫或若虫。栽培过程中勤浇水，勤除草，可减轻其危害。药剂防治，可用 50% 敌敌畏乳油 1 000 倍液 1 次，或 40% 乐果乳油 1 000 倍液喷雾，二者混用喷雾效果更显著；或用 2.5% 溴氰菊酯 3 000 倍液喷雾。蓟马有趋蓝习性，能减少蓟马危害。

（五）甜菜夜蛾

甜菜夜蛾初孵幼虫群集叶背，吐丝结网，在其内取食叶肉，留下表皮，成透明的小孔。3 龄后可将叶片吃成孔洞或缺刻，严重时仅余叶脉和叶柄。3 龄以上的幼虫还可钻蛀青椒、番茄果实。

1. 形态特征

成虫体长 8~10 厘米，翅展 19~25 毫米。灰褐色，头、胸有黑点，前翅灰褐色，茎线仅前段可见双黑纹；内横线双线黑色，波浪形外斜；剑纹为一黑条；环纹粉黄色，黑边；肾纹粉黄色，中央褐色，黑边，中横线黑色，波浪形，外横线双线黑色，锯齿形，前、后端的线间白色；亚缘线白色，锯齿形，两侧有黑点，外侧有一个较大的黑点；缘线为一列黑点，各点内侧均衬白色。后翅白色，翅脉及缘线黑褐色。卵圆球状，白色，成块产于叶面或叶背，100~600 粒不等，卵块 1~3 层排列，外面覆有雌蛾脱落的白色绒毛，因此不能直接看到卵粒。老熟幼虫体长约 22 毫米。体色变化很大，有绿色、暗绿色、黄褐色、褐色至黑褐色，背线有或无，颜色亦各异。较明显的特征为：腹部气门下线为明显的黄白色纵带，有时带粉红色，此带的末端直达腹部末端，不弯到臂足上去。各节气门后上方具一明显的白点。此种幼虫在田间常易与青虫、甘蓝夜蛾幼虫混淆。蛹体长约 10 毫米，黄褐色。中胸气门显著外突。臂棘上有刚毛 2 根，其腹面基部亦有 2 根极短的刚毛。

2. 生活习性

华北地区 1 年发生 4~5 代，以蛹在土壤内越冬，在亚热带和热带地区全年可生长繁殖，无明显越冬现象，终年繁殖为害。成虫夜间活动，最适宜的温度 20~23℃，相对湿度 20%~75%。有趋光性。成虫产卵期 3~5 天，每只雌蛾可产卵 100~600 粒。卵期 2~6 天。幼虫共 5 龄。3 龄前群集为害，但食量小；4 龄后，食量大增，昼伏夜出，有假死性，虫口过大时，幼虫可互相残杀，幼虫发育历期 11~39 天，老熟幼虫入土，吐丝筑室化蛹，蛹发育历期 7~11 天。越冬蛹发育温度为 10℃，有效发育积温为 220℃，甜菜夜蛾是一种间歇性大发生的害虫，不同年份发生量差异很大，一年之中，在青海地区则以 6~7 月为害较重。

3. 防治方法

秋耕或冬耕可消灭部分越冬蛹，采用黑光灯诱杀成虫。春季 3~4 月清除杂草，消灭杂草上的初龄幼虫，可采用细菌杀虫剂。化学防治，可选用 50% 辛硫磷乳油 1 000 倍液，或 20% 溴氰菊酯乳油 3 000 倍液，或 2.5% 功夫乳油 5 000 倍液，或 10% 天王星乳油 1 000 倍液，或 20% 氯马乳油 3 000 倍液。通常在虫龄变更时才使害虫致死，应提早喷洒，为此，这类药剂常采用胶悬剂的剂型，喷洒后耐雨水冲刷，药效可维持半月以上。

第二节　花生主要病虫害及其防治

一、花生主要病害及其防治

（一）花生根结线虫病

花生根结线虫病也称地黄病、矮黄病、黄秧病等。国内大部分花生产区均有发生，以山东、河北等省发病较重，青海花生产区也有发生。病害蔓延快，为害重，根治难。病田一般减产 5%~10%，重者达 12% 左右。

1. 症状

植株地上部矮化，茎叶发黄，叶片小，底部叶片叶缘焦枯，叶片脱落，开花迟。直到收获时仍比健康植株矮小。在田间呈聚集型分布，病株矮小死亡。线虫主要为害花生地下部分。凡是花生能入土的部分，线虫均能为害。受害幼根尖端膨大，形成大小不规则的根结，其上可长出多条不定须根，须根受感染后又形成根结，根结上又长出条条须根。经过反复浸染，根系形成乱发状须根团，此外，在根茎、果柄和果壳上也可以形成根结。

2. 防治方法

（1）农业防治，轮作换茬。青海花生产区实行花生与蔬菜类、豆类、薯类等作物轮作，如重病地轮作后，病情指数可从 10% 降至 4.6%。

（2）清除病残体。收获时拔除的病根、病株、病果壳要集中处理，可作为燃料，但不能用来垫圈和沤肥。

（3）改土增肥，深翻改土，增施有机肥，使花生生长旺盛，增强抗病能力。

（4）药剂防治。播种时每亩用 3% 呋喃丹颗粒剂 3~4 千克，或每亩用 5% 灭线磷颗粒剂 10~15 千克；每亩施用 40% 甲基异柳磷乳油 0.6~1 千克，或 10% 益舒丰颗粒剂 2~3 千克，开沟施入沟内 12 厘米左右。

（二）花生茎腐病

花生茎腐病俗称倒秧病，在全国花生产区均有发生，尤以山东为害较重。据调查，青海花生产区一般地块发病率为4%~6%，严重时可达8%左右，病株常常枯死，引起缺苗断垄。该病病菌除为害花生外，还为害菜豆、豇豆、扁豆、甜瓜等十几种农作物。

1.症状

花生自出苗至收获期均可发病，以开花前和结荚后发病最盛，病菌常从子叶或幼根侵入植株，发病子叶呈褐色干腐状，病菌沿子叶扩展到根部，产生黄褐色、水渍状、不规则病斑，并绕茎基部一周，使病部呈黄褐色腐烂，地上部萎蔫枯死。干燥时，病部呈褐色，干腐状，中空，表面凹陷，病部常有许多小黑粒，即分生狍子器。病部皮层易脱落，纤维外露。苗期发病4~5天即死亡。成株期发病多在茎部第一侧枝处，病枝呈干腐状，病叶焦枯，半月左右全株枯死。

2.防治方法

（1）选用优质抗病品种。留种地不被水淹，收获的荚果应充分晾晒，储藏期应避免霉变，选用抗病品种。

（2）实行合理轮作。隔年轮作，防病效果好，重病地须实行三年以上的轮作。

（3）深翻改土，加强田间管理。花生收获前，清除病株。收获后深翻土地，减少田间越冬病菌，生长季节追施草木灰。

（4）药剂防治。可用50%多菌灵可湿性粉剂按种子量的0.3%~0.5%拌种，或用70%甲基托布津可湿性粉剂800~1 000倍液喷雾，也有较好的防治效果。

（三）花生青枯病

花生青枯病俗称死苗、发瘟、死棵子、青疮病等。主要分布于广东、广西、河南、四川、江苏等地，青海等地也有少量发生。花生染病后常全株死亡，损失较为严重，一般发病率为10%~20%，而青海只占2%~3%，严重省份重达50%以上，甚至绝产失收。

1.症状

在花生整个生育期均可发病，一般在开花前后开始发病，盛花和落叶期为发病盛期。发病初期通常先在主茎顶梢到第二叶表现出失水萎蔫，早晨延迟张开，午后提前闭合，白天呈现萎蔫，夜间尚可恢复，后随病情加重不再恢复，1~2天后全株叶片自上而下急剧凋萎，但叶绿素尚未被破坏，因而呈青枯状。病株根尖呈湿腐状，根茎内部变为黑褐色。在潮湿条件下用手挤压切口处，常渗出乳白色浑浊黏液。病株上的果柄、荚果也呈黑褐色，病株从发病到死亡，一般为 10~20 天。

2. 防治方法

（1）选用高产抗病良种。播种前每亩施石灰 30～50 千克，发病初期及早拔除病株，统一深埋或烧毁。不要用病残体堆肥；铲除杂草，也有较好的防治效果。

（2）合理轮作。病株率达到 10% 以上的地块就应实行轮作，病株率达 10%~20% 的实行 2~3 年轮作。一般花生与豆薯类轮作较宜。

（3）药剂防治。必要时用 14% 络氨铜水剂 300 倍液喷淋根部。

（四）花生白绢病

花生白绢病主要在中国长江流域和南方花生产区发生较多。发病植株全株枯萎死亡，据调查，青海的发病率一般为 6% 左右，严重者达 10% 以上。

1. 症状

花生白绢病多发生在成株期，浸染的主要部位是接近地面的茎基部，也为害果柄和荚果。受害部位变褐软腐，病部波纹状病斑绕茎，表面覆盖一层白色绢丝状的菌丝，直至植株中下部茎秆均被覆盖。当病部养分被消耗后，植株根茎部组织呈纤维状，从土中拔起时易断。土壤潮湿隐蔽时，病株周围地表也布满了一层白色菌丝体，在菌丝体当中形成大小如油菜籽一样的近圆形的菌核。发病的植株叶片变黄，初期在阳光下闭合，在阴天还可张开，以后随病害扩张而枯萎，最后死亡。

2. 防治方法

（1）选用优质抗病品种。

（2）实行合理轮作，重病地需实行 2 年以上的轮作。

（3）深翻改土，加强田间管理。花生收获前，清除病株。收获后深翻土地，减少田间越冬病菌，改善土壤通风条件。最好不用未腐熟的有机肥。

（4）药剂防治。可用 50% 多菌灵可湿性粉剂按种子量的 0.3% ~0.5% 拌种；病害发病初期，用 70% 甲基托布津可湿性粉剂 800~1 000 倍液喷雾，也有较好的防治效果。

（五）花生锈病

花生锈病是世界范围内广泛流行的真菌病害，最初始于南美洲和中美洲局部地区，后蔓延至世界各地。花生锈病在中国的广东、广西、四川、江西、湖南、湖北、江苏、山东、河南、河北等省均有发生，青海省海南藏族自治州、西宁市湟中区也相继发生过。花生发生锈病后，植株提早落叶且早熟。据调查，发病愈早，损失愈重。发病后一般减产 15%~20%，该病除对产量有影响外，还会导致出仁率和出油率显著下降。

1. 症状

花生锈病在各个生育阶段都可发生，但以结荚期后发病严重。病菌主要浸染花生叶片，也可为害叶柄、托叶、茎秆、果柄和荚果。叶片的背面产生白斑，叶面呈现黄色小点，之后叶背病斑变淡黄色、圆形，随着病斑扩大，病部突起呈黄褐色，表皮破裂，露出铁锈色的粉末，病斑周围有一狭窄的黄晕。一般底叶首先发病，然后向顶部叶片扩展，叶片密布夏孢子堆后，很快变黄干枯。病株较矮小，形成发病中心，提早落叶枯死。收获时果柄易断、落果。

2. 防治方法

（1）农业防治。选择抗病品种如鲁花 11 号、粤油 22 号、汕油 3 号、恩花 1 号、千斤王、白沙、油谷、四粒红、海红等。实行 1~2 年轮作。因地制宜调节播种期，合理密植，施足基肥，增施磷钾肥，高畦栽培，花生收获后，清除田间病残体、落粒和杂草。

（2）药剂防治。花期发病株率达 20%~30%，或近地面 1~2 叶有 2~3 个病斑时，喷 1∶2∶200 的波尔多液，或 25% 三唑酮 300 倍液，或 95% 敌锈钠 600 倍液，或 75% 百菌清 500 倍液，或 15% 三唑醇 1 000 倍液，隔 2~10 天喷一次，连续喷 3~4 次，喷药时加入 0.2% 展着剂（洗衣粉等），有增效作用。

二、花生主要虫害及其防治

地膜花生地温高、湿度大，病虫害发生早而多。因此，要经常深入田间，察看分析，发现花生蚜虫和红蜘蛛为害，每亩喷施 0.67~3.33 千克 2 000 倍氧化乐果稀释液；发生蛴螬为害时用 1 000 倍辛硫磷液灌根或拌毒撒在花生根边，注意人工捕杀和药物防鼠害。

（一）蛴螬

蛴螬是鞘翅目金龟甲幼虫的总称，别名白土蚕、核桃虫，成虫通称为金龟甲或金龟子。除为害花生外，还为害多种蔬菜。按其食性可分为植食性、粪食性、腐食性三类。其中，植食性蛴螬食性广泛，为害多种农作物、经济作物和花卉苗木，喜食刚播种的种子、根、块茎及幼苗，是世界性的地下害虫，危害很大。

1. 外形特征

蛴螬体肥大，体型弯曲呈"C"形，多为白色，少数为黄白色。头部褐色，上颚显著，腹部膨大。体壁较软多皱，体表疏生细毛，头大而圆，多为黄褐色，有左右对称的刚毛，刚毛数量的多少常为分种的特征。蛴螬具胸足 3 对，一般后足较长。腹部 10 节，第 10 节称为臀节，臀节上生有刺毛，其数目的多少和排列方式也是分种的重要特征。

2. 防治方法

防治原则：地上地下的成虫、幼虫综合治，田间田外选择治。

（1）农业防治。合理施肥，施用腐熟圈肥。用碳酸氢铵和氨水熏杀，碳酸氢铵和氨水要深施。合理耕作，秋耕抬虫，收后浅耕灭茬；与豆类、薯类轮作。合理浇灌，春夏是为害盛期，要大水浇灌，迫使其下潜或死亡，在花生田内零星种植蓖麻，毒杀蛴螬的成虫。

（2）药剂防治。利用氧化乐果、甲拌磷等农药的内吸性，按药与水 1∶1 的比例稀释，每隔 3~4 天喷一次。

（二）蚜虫

花生蚜虫为苜蓿蚜，是我国花生产区的一种常发性害虫。早播春花生顶土尚未出苗时，蚜虫就能钻入幼嫩枝芽上为害。出苗后，多在顶端幼嫩心叶背面吸食汁液。始花后，蚜虫多聚集在花萼管和果针上为害，使花生植株矮小，叶片卷缩，影响开花下针和正常结实。严重时，蚜虫排出大量蜜汁，引起真菌寄生，使茎叶变黑，能致全株枯死。一般减产 20%~30%，严重时减产 50%~60%，甚至绝产。蚜虫是花生病毒病的重要传播媒介，除自身为害外，往往还带来爆发性的病毒病害。

1. 外形特征

有翅胎生蚜成虫体长 1.5~1.8 毫米，黑绿色，有光泽。触角 6 节，黄白色，第 3

节较长，上有感觉圈4~7个。翅痣、翅脉皆为橙黄色。各足腿节、胫节及跗节均为暗黑色，其余部分黄白色。腹部各节背面均有硬化的暗褐色横纹，腹管黑色，圆筒状，端部稍细，具覆瓦状花纹。尾片黑色，上翅、两侧各有3根刚毛。若虫体小，黄褐色，体被薄蜡粉，腹管、尾片均为黑色。无翅胎生蚜成虫体长1.8~2毫米，黑色，有光泽，体被蜡粉。触角6节，第1至第2节、第5节末端及第6节黑色，其余部分黄白色。腹部体节分界不明显，背面有一块大型灰色骨化斑。若虫体小，灰紫色，卵长椭圆形，初产为淡黄色，后变草绿色，最后呈黑色。

2. 防治方法

施用内吸性杀虫剂。结合花生开穴播种，在覆土前向种子上每亩撒施辛硫磷0.51千克。花生种子吸收了这些内吸杀虫剂，出苗后蚜虫迁飞为害时，即可杀死。药剂的特效期长达60多天，还可兼治蛴螬、金针虫、蓟马等其他害虫。始花前喷施药液。未施盖种农药的花生幼苗，要喷施杀虫药液，常用农药为50%的辛硫磷1 500~2 000倍液；喷药时喷头朝上，喷叶子的背面，并注意要喷匀。

开花下针期用农药熏蒸，花生进入开花下针期，发现蚜虫为害时，每亩用80%的敌敌畏0.75~1千克，加细土25千克，顺花生垄沟撒施。在高温条件下，敌敌畏挥发熏蒸花生棵，杀死蚜虫，防效可达90%以上。

（三）花蓟马

花蓟马属缨翅目蓟马总科，别名台湾蓟马。成虫、若虫多群聚于花内取食为害，花器、花瓣受害后成白化，经日晒后变为黑褐色，受危害严重的花朵会萎蔫。叶片受害后呈现银白色的条斑，严重的枯焦萎缩。目前，花蓟马已成为华南地区主要虫害之一，2018年发现在青海花生产区有少量为害现象。

1. 外形特征

花蓟马体长约1.4毫米，褐色；头、胸部稍浅，前腿节端部和胫节浅褐色，触角第1节、第2节和第6至第8节褐色，第3至第5节黄色，但第5节端半部褐色。前翅微黄色。头背复眼后有横纹。单眼间鬃较粗长，位于后单眼前方。触角8节，较粗；第3、4节具叉状感觉锥。腹部第1背板布满横纹，第2~8背板仅两侧有横线纹。第5~8背板两侧具微弯梳；第8背板后缘梳完整，梳毛稀疏而小。雄虫较雌虫小，黄色。腹板3~7节有近似哑铃形的腺域。

2. 防治方法

（1）农业防治。清除田间杂草，加强水肥管理，使植株生长旺盛，可减轻花蓟与虫害。勤除草也可减轻此虫害。

（2）物理防治。花蓟马对蓝色、黄色、粉色等多种颜色有趋性，可设计粘虫板进行诱杀。

（3）药剂防治。农药的选择应坚持以生物农药和低毒高效的安全农药为主。防治花蓟马的药剂有阿维菌素、毗虫啉、啶虫脒、烯啶虫胺等，用药量要根据各地抗药性情况灵活掌握。在花蓟马爆发高峰期，必须每隔 3~4 天喷一次药，连喷 2~3 次，避免同一种药剂连续使用，要用不同类型的药剂进行轮换。

（四）棉铃虫

棉铃虫属于鳞翅目夜蛾科。幼龄期的棉铃虫主要在清晨和傍晚钻食花生心叶和花蕾，影响花生发棵增叶和开花结实；老龄期棉铃虫在白天和夜间均大量啃食叶片和花朵，影响花生的光合作用和干物质的积累，造成花生严重减产。

1. 外形特征

棉铃虫成虫体长 15~20 毫米，翅展 27~38 毫米。雌蛾赤褐色，雄蛾灰绿色。前翅翅尖突伸，外缘较直，斑纹模糊不清，中横线由肾形斑下斜至翅后缘，外横线末端达肾形斑正下方，亚缘线锯齿较均匀。后翅灰白色，脉纹褐色明显，沿外缘有黑褐色宽带，宽带中部 2 个灰白斑不靠外缘。前足节外侧有 1 个端刺。雄性生殖器的阴茎细长，末端内膜上有 1 个很小的倒刺。

2. 防治方法

（1）农业防治。田间结合整枝及时打顶，摘除边心及无效花蕾，并携至田外集中处理。

（2）物理防治。用黑光汞灯或高压灯诱杀成虫。

（3）药剂防治。百穴花生虫卵达到 30 粒（头）以上时，应进行防治，当 30% 的卵变为米黄色、部分卵出现紫光圈、个别已孵化时，为防治适期，应及时用药。可用 1.8% 阿维菌素乳油 2 000~3 000 倍液喷雾，或 10% 的毗虫啉可湿性粉剂 4 000 倍液喷雾，或 70% 硫丹乳油 1 000~1 500 倍液喷雾，或 50% 辛硫磷乳油 1 000~1 500 倍液喷雾。

第三节 红薯主要病虫草鼠害及其防治

一、红薯主要病害及其防治

（一）红薯软腐病

红薯软腐病又叫薯耗子脓烂，分布广泛，全国各红薯生产区均有发生，是采收期和贮藏期较普遍发生的病害之一。

1. 症状

病菌多从薯块两端和伤口侵入，得病后薯块变软，呈水渍状发黏，之后在薯块表面长出许多丝状物和黑孢子，因此得名"薯耗子"。染病处薯皮容易破裂，从伤口处流出黄色汁液，带有芳香酒气，之后变酸霉味，薯内水分逐渐消失变成干缩的硬块。

2. 发病规律

病菌附着在染病作物上和贮藏窖内越冬，为初次浸染源。以菌丝体在残余组织或土壤中腐生，之后形成孢子囊，放出大量的孢囊孢子，随气流传播，进行再浸染。薯块损伤、冻伤，易招致病菌侵入；温度在15~23℃，相对湿度在78%~89%时，易发生病害。

3. 防治方法

（1）适时收获，适时入窖。

（2）清洁薯窖，消毒灭菌。旧窖要打扫清洁，然后用硫黄熏蒸（每平方米用硫黄15克）。

（3）薯块入窖前用50%甲基托布津可湿性粉剂500~700倍液，浸泡薯块1~2次，晾干入窖。

（二）红薯根腐病

红薯根腐病也叫烂根病、开花病。我国于1937年在山东省首次发现此病，该病在河南、山东、河北等省较为严重，青海省发病较轻。受害后一般减产10%~20%。

1. 症状

青海省主要发生于温室内，苗期虽也能发病，但危害不大。育苗期发病，病苗叶色发黄，生长缓慢，须根茎端的中部有黑褐色病斑。温室种植时发病，在不定根尖端或中间开始形成黑色病斑，随病情发展，大部或全部不定根少量变黑腐烂，少量为害茎部，形成黑色病斑，严重时使地上茎基部 1~3 个叶节变黑腐烂，病株一般不结薯或结出畸形薯块，表面有大小不一的褐色至黑褐色稍凹陷龟裂病斑。病株地上部直立，不产生薯蔓，叶片小、较厚、发脆，有时反卷、萎蔫、黄化、枯死，并自上而下脱落。薯块发病，病薯块表面粗糙，布满很多大小不等的黑褐色病斑，病斑初期表皮不破裂，中后期有纵横龟裂，皮下组织变黑色，但无苦味，煮吃无硬心和异味。

2. 发病规律

红薯根腐病主要为土壤传染，田间扩展靠流水和耕作活动，遗留在田间的病残体也是浸染来源。温度在 21~29℃，土壤含水量在 10% 以下时，易发生根腐病。一般沙土地发病重，连作地比轮作地发病重。

3. 防治方法

（1）选用抗病良种。如双万 1 号、济薯 18 号等。

（2）加强栽培管理。选用无病种薯，适时早栽。发病盛期前有水源条件的要普遍灌水 1 次，并增施无菌有机肥。

（3）轮作换茬。对发病严重的地块实行 3 年以上轮作，可与花生、玉米、大豆等轮作。

（4）药剂防治。用 50% 硫菌灵可湿性粉剂每亩 75~100 克兑水 75~100 升喷雾，第一次在红薯栽插后 10~15 天，即薯蔓长 9~10 片叶片时开始喷药，间隔 20 天，喷第二次，防治效果达 95%，叶色浓绿，能正常结成薯块。

（三）红薯茎线虫病

红薯茎线虫病也称糠心病，主要为害薯块，其次是薯苗、薯蔓基部及粗根，不为害叶和细根，受害后红薯表皮龟裂，内部糠腐，育苗期引起烂床。受害后一般减产 10%~40%，严重时可造成绝收。

1. 症状

红薯茎线虫病主要为害薯苗、薯块、近地面薯蔓。染病薯苗表现为发育不良，矮小发黄。染病薯块症状有 3 种类型。

（1）糠皮型。薯皮表层呈青色至暗紫色，病部稍凹陷。

（2）糠心型。薯块皮层完好，内部糠心，呈褐白相间的干腐。

（3）混合型。生长后期发病严重时，糠皮和糠心的种症状同时发生称混合型。

2. 发病规律

红薯茎线虫的卵、幼虫和成虫可以同时存在于薯块、土壤和肥料内越冬。病原能直接通过表皮和伤口侵入。此病主要以种薯、种苗作远距离传播，也可借雨水和农具短距离传播。人为串换种薯、薯苗是大面积快速发病的主要原因。最适茎线虫生长的温度为 25~30℃，最高温度为 35℃。湿润、疏松的沙质土有利于其活动为害，极端潮湿或干燥的土壤不利于其活动。

3. 防治方法

过去用呋喃丹、甲基异柳磷、神农丹等剧毒高残留农药进行防治。近年来，采取农业、物理防治为主，辅以低毒低残留的绿色农药进行防治，效果可达 98%。

（1）选用抗病品种。红薯不同品种间抗茎线虫病能力有显著差异，如济薯 18 号为中抗茎线虫病，冀薯 98 号则易感茎线虫病。

（2）严格检疫。不从病区调运种薯。

（3）建立无病留种地，繁育无病种薯。结合秋季出薯，彻底清除田间病薯块、茎蔓，集中深埋或烧毁。

（4）选用无病种薯。对种薯在出窖、浸种前后进行逐个挑选，用 51~54 ℃的温汤浸种。

（5）热水浸秧苗。秧苗要长得老些，特别是 4~5 茬以后的秧子，选拔以后，摆齐根端，把秧苗下半段浸入 40~48℃热水中 10 分钟后，立即移入 50℃水中浸泡 4 分钟，以杀死表层的线虫，注意不能浸到叶子，然后立即放入冷水中过水，随即栽插。

（6）药剂防治。栽插时用 50% 辛硫磷 1 000 倍液将薯苗根部浸泡 10 分钟左右进行防治。定植前 10~20 天，每亩用 80% 二氯异丙醚乳油 5 千克拌细沙 13~15 千克，匀撒地表随即翻入土壤进行处理。

（7）物理防治。红薯茎线虫多生活在 3~15 厘米的土层中，不耐高温，最高温度为 35℃。地膜覆盖不仅能大幅度提高红薯产量，而且高温可杀死大部分茎线虫，防治效果达 90% 以上。

（四）红薯病毒病

红薯病毒病又称花叶病，是近年来国内红薯生产中逐渐发展、危害较严重的一大类病害，广泛见于红薯产区。由于红薯为无性繁殖作物，感染病毒后，病毒在红薯体内代代相传，病毒逐年累积，使红薯严重退化，表现为结薯量少，薯块小，一般可减产 20%~50%。

1. 症状

我国红薯病毒病症状与病源种类、品种、生育阶段及环境条件有关，根据病毒症状表现大致可分为 6 种类型。

（1）叶片褪绿斑点型。苗期及发病初期，叶片产生明脉或轻微褪绿半透明斑；生长后期，斑点四周变为紫褐色，多数品种沿脉形成紫色羽状纹。

（2）花叶型。苗期感染初期，叶脉呈网状透明，后沿叶脉形成黄绿相间的不规则花叶斑纹。

（3）卷叶型。叶片边缘上卷，严重时卷成杯状。

（4）叶片皱褶型。病苗叶片少，叶缘不整齐或扭曲，有与中脉平行的褪绿半透明斑。

（5）叶片黄化型。叶片形成黄色及网状黄脉。

（6）薯块龟裂型。薯块上产生黑褐色或黄褐色裂纹，排列成横带状，剖开病薯可见肉质部具黄褐色斑块。

2. 发病规律

薯苗、薯块均可带毒进行远距离传播，经由机械或蚜虫及嫁接等途径传播。凡移栽后短期内气候干旱，返苗慢，生长势弱，则发病重；返苗快，生长势强，症状轻微，蚜虫活动也受到抑制，则发病轻。

3. 防治方法

（1）选用抗病品种。选用徐薯 18 号、鲁薯 7 号等抗病品种。

（2）培育无毒种苗。用组织培养法进行茎尖脱毒，培养无病种薯、种苗。

（3）拔除病株。大田发现病株及时拔除后补苗。

（4）药剂防治。发病初期开始喷洒10%病毒王可湿性粉剂500倍液，或5%菌毒清可湿性粉剂500倍液，或83增抗剂100倍液，或20%病毒宁水溶性粉剂500倍液，或15%病毒必克可湿性粉剂500~700倍液，每隔7~10天喷1次，连用3次。

（五）红薯斑点病

红薯斑点病在我国南北红薯种植地区都有发生，是红薯叶部常见的一种病害。由红薯叶点霉菌浸染引起，发生严重时叶片局部或全部枯死。

1. 症状

叶上病斑圆形至不规则形，初期红褐色，后变黄褐色，边缘稍隆起，斑中散生小黑点，即病原菌的分生孢子器。

2. 发病规律

青海等北方地区病原菌以菌丝和分生孢子器在病残体上越冬，第二年散出分生孢子传播浸染。浇水多，田间湿度大，则发病重。

3. 防治方法

（1）清除病残体。

（2）发病初期用65%代森锌可湿性粉剂400~600倍液，或70%甲基托布津可湿性粉剂1 000倍液喷雾防治，每隔5~7天喷1次，共喷2~3次。

（六）红薯黑斑病

红薯黑斑病也叫黑疤病、黑膏药病等，该病于1937年从日本传入中国。目前，此病在中国已蔓延到26个省（市），是造成苗床期死苗、温室生产期死秧、贮藏期烂苗的主要病害。病薯还可以产生有毒物质，食味极苦，还会引起人中毒死亡。此病可随薯块、薯苗的调运而远距离传播，被列为国内检疫对象。

1. 症状

（1）育苗期。红薯或苗床带菌则浸染幼芽茎部，产生凹陷的圆形小黑斑，后逐渐扩大，环绕薯苗茎部呈现黑脚状，地上部叶片发黄或使幼芽变黑腐烂。苗根受害，往往成段黑腐。

（2）温室大田期。带病薯苗栽植田间1~2个星期后，基部叶片发黄脱落，根部腐烂，残存纤维状的维管束，薯苗枯死。

（3）贮藏期。贮藏期薯块受害，病斑多发生在伤口和根眼上，初为小黑点，逐渐扩大成圆形或菱形黑斑，中间产生刺状物，贮藏后期病斑可深入薯肉2~3厘米，与其他真菌、细菌并发，引起腐烂。

2. 发病规律

病菌以厚恒孢子和子卜孢子在贮藏窖或苗床及大田的土壤内越冬，成为次年初浸染来源。病菌主要从伤口侵入，温度在10℃以上就能发病，在25~28℃时最适宜发病。地势低洼、阴湿黏重也有利于发病。

3. 防治方法

（1）选用抗病品种。如西农431、双万1号、烟薯16号等中抗黑斑病品种。

（2）药剂防治。用80%乙蒜素乳油(402抗菌剂)1 500~2 000倍液浸种薯10分钟，或45%代森铵水剂加水稀释成200~300倍液浸种薯10分钟,药液可连续使用2~3次，或50%多菌灵可湿性粉剂1 000倍液浸种薯10分钟，浸种药液可连续使用7~10次。

（3）药剂浸苗。剪下的秧苗可用下列药液浸蘸秧苗基部10厘米左右即可消毒：使用50%多菌灵可湿性粉剂2 500~3 000倍液，或25%多菌灵可湿性粉剂1 000~2 500倍液浸苗2~3分钟；50%或70%甲基托布津可湿性粉剂500~700倍液，或80%乙蒜素乳油4 000~4 500倍液浸苗10分钟。注意浸苗前，应剔除有斑病的苗。

二、红薯主要虫害及其防治

红薯虫害以地下虫害为主，主要有蝼蛄、地老虎、蛴螬等。红薯在生长期的地上虫害有斜纹夜蛾、卷叶虫、甘薯天蛾等，多发生在7月中旬至9月底，对于鲜食型红薯，要注意高效低毒农药的施用，特别要注意农药的残留效期，保证收获之前无残留农药。

（一）蝼蛄

蝼蛄属直翅目蝼蛄科，分布广泛，国内以北方各省（区）发生该虫害较严重。蝼蛄以成虫、若虫咬食刚播下的种子及幼苗嫩茎，把茎秆咬断或扒成乱麻状，使幼苗萎蔫而死。同时，蝼蛄在土表活动时，造成纵横隧道，使幼苗与土壤分离而死亡。

1. 形态特征

成虫体长39~45毫米，黄褐色，全身密生黄褐色细毛，前胸背板筒形，背中央有 1 个深红色斑，前足特别发达，适于挖土行进。卵椭圆形，初产黄白色，孵化前深褐色。幼虫形似成虫，翅不发达，仅有翅芽。

2. 发生规律

在北方地区 3 年完成一代，以成虫和若虫在地下 150 厘米处越冬。春季土温回升至 8℃时活动，在地表常留有 10 厘米长的隧道。4~5 月进入为害盛期，6 月中旬以后天气炎热时潜入地下越夏产卵。蝼蛄喜潮湿土壤，平原区的轻盐碱地带、沿河及湖边低湿地区发生虫害较严重。成虫有趋光性。

3. 防治方法

（1）农业防治。施用充分腐熟有机肥。

（2）物理防治。利用灯光诱杀。

（3）药剂防治

①防治数量：当田间每平方米有蝼蛄 0.3~0.5 头时为中等发生；高于 0.5 头时为严重发生，应该进行防治。播种时可施用毒谷杀灭害虫。

②施用毒饵：一般把麦等饵料炒香，每亩用饵料 4~5 千克，加入 90% 敌百虫的 30 倍水溶液 150 毫升左右，再加入适量的水拌匀成毒饵，于傍晚撒于苗圃地面，施毒饵前先灌水，保持地面湿润，效果尤好。

③土壤处理：整地时每亩施入 1.5~2 千克 3% 辛硫磷颗粒剂做土壤处理；生长期被害也可用 50% 辛硫磷 2 000 倍液浇灌。此外，也可选用 6% 密达颗粒剂每亩用 0.5 千克拌细后撒施，效果尤好。

（二）地老虎

此虫属鳞翅目夜蛾科，幼虫俗称土蚕、地蚕、切根虫。杂食性强，除为害甘薯外，对棉花、玉米、高粱、烟草等为害严重。

1. 形态特征

成虫体长 16~23 毫米，翅展 42~54 毫米，体灰褐色。触角深黄褐色，雌虫为丝状，雄虫为栉齿状。前翅有肾形斑、环形斑、棒形斑位于其中，后翅色淡，为灰白色。初产淡黄色，后呈灰褐色。老熟幼虫体长 37~50 毫米，头宽 3~3.5 毫米，体色由黄褐色至暗褐色。蛹体长 18~24 毫米，红褐色或暗褐色，尾端黑色，有 2 根刺。

2. 发生规律

地老虎一年发生数代，黄淮地区 3~4 代，广西可达 7 代。越冬代成虫发蛾盛期，华北地区为 4 月下旬至 5 月上旬，第一代幼虫严重为害春插作物幼苗。成虫昼伏夜出，有趋光性、迁飞习性、趋化性。卵散产，每只雌虫产卵 800~1 000 粒。初孵幼虫取食心叶，3 龄后在晚上咬断嫩茎为食。黄淮流域第一代幼虫为害盛期在 5 月，土壤湿度大时为害严重，低洼地、沿河灌区、田间荫蔽、杂草丛生的地块发病重。

3. 防治方法

（1）除草灭虫。于 4 月中旬产卵期除净杂苗，减少产卵场所和幼虫食料源。

（2）药剂防治。在 2 龄期喷 90% 敌百虫粉 800~1 000 倍液，或用 50% 辛硫磷 0.3 千克兑水 2 千克，拌干细土 20 千克，均匀撒于薯苗周围；也可用毒草诱杀。地老虎 3 龄后，如果为害严重，用铡碎的鲜草拌 90% 敌百虫 800 倍液，每亩施 25~40 千克，于傍晚撒在薯垄上毒杀害虫。

（3）泡桐叶诱杀，人工捕捉。每亩放泡桐叶 70~90 片，放叶后每日清晨翻叶捕获幼虫，放叶一次可保持 4~5 天，也可于清晨在被害植株附近的土中捕捉。

（三）蛴螬

蛴螬是金龟子的幼虫，属鞘翅目金龟甲科，其种类有 40 余种。为害甘薯的主要有华北大黑鳃金龟子、东北大黑鳃金龟子、铜绿金龟子、黑皱金龟子、黄褐金龟子、豆形绒金龟子等。

1. 形态特征

（1）华北大黑鳃金龟子。成虫体长 16~21 毫米，宽 8~11 毫米，椭圆形，体黑色，鞘翅上各有 3 条纵隆纹，臀节宽大呈梯形，中沟不明显，背板平滑下伸。幼虫体长 37~45 毫米，头部前顶刚毛每侧各 3 根，成一纵列，肛门孔 3 裂，腹毛区有刚毛群。

（2）东北大黑鳃金龟子。成虫大小、体色与华北大黑鳃金龟子相似，鞘翅上有 4 条明显纵隆纹，臀板短小，近三角形，背板呈弧形下弯。幼虫体长 35~45 毫米，成一纵列，腹毛区刚毛散生。

2. 发生规律

蛴螬一到两年 1 代，幼虫和成虫在土中越冬，成虫即金龟子，白天藏在土中，晚上 8~9 时进行取食等活动。蛴螬有假死和负趋光性，并对未腐熟的粪肥有趋性。成虫交配后 10~15 天产卵，产在松软湿润的土壤内，以水浇地最多，每只雌虫可产卵 100 粒左右。幼虫始终在地下活动，与土壤温度和湿度关系密切。当 10 厘米土温达 5℃时开始上升到土表，13~18℃时活动最盛，23℃以上则往深土中移动，至秋季土温下降到其活动适宜范围时，再移向土壤上层。因此，蛴螬对果园苗圃、幼苗及其他作物的为害主要是春秋两季最重。土壤潮湿活动加强，尤其是连续阴雨天气，春、秋季在表土层活动，夏季时多在清晨和夜间到表土层活动。

3. 防治方法

（1）农业防治。通过深耕细耙可以机械杀伤或将害虫翻至地面，使其暴晒而死或被鸟类啄食。秋季收获后，及时捡拾田间杂草和作物秸秆，以减少成虫产卵和幼虫取食。合理施肥，施用腐熟的有机肥，防止招引成虫取食产卵。

（2）药剂防治。在为害发生盛期，在其喜食的果树、苗木和农作物上喷洒毒死蜱、氧化乐果等药剂，可有效防治成虫；在播种期用药剂处理土壤，每亩用 5% 的毒死蜱颗粒剂 4~5 千克拌细土 20~30 千克，撒于地表，随耕地翻入土中；也可在播种时将拌好的药剂沟施或穴施，随施随盖土，或用辛硫磷颗粒剂 100 克兑水 0.75~1 千克拌种 25~30 千克。

（四）红薯蚁象甲

红薯蚁象甲又名红薯小象甲、红薯小象甲鼻虫，土名臭心虫、樟木虫等。红薯蚁象甲不仅在甘薯生长期为害，储藏期也继续为害。薯块被害后恶臭，不能食用，薯块被虫蛀食，钻出许多伤口和孔道，它也为害幼苗。成虫取食茎叶，严重影响植物生长。红薯蚁象甲为国内植物检疫对象。

1. 形态特征

成虫体长 4.8~7.9 毫米，蓝黑色，有光泽。头吻长，触角 10 节，雄虫触角末节呈棍棒状，雌虫则呈长卵状。每鞘翅有不明显纵纹 22 条，足红褐色，腿节末端膨大。幼虫体长 5~8.5 毫米，呈圆筒形，两端略小，向腹面稍弯曲，头部淡褐色，体乳白色，胸腹足退化。蛹体长 4.7~5.8 毫米，初乳白色，渐变黄色，腹部各节背面有 1 对小突起，尾端有 1 对向侧下方弯曲的刺突。

2. 发生规律

红薯蚁象甲每年发生的代数因地而异，3~8 代不等，发生的地区都是世代重叠，在田间无法区分。白天藏在叶背面，为害主脉、叶柄和茎；也潜藏在地面裂缝里，为害薯梗;黄昏爬出地面活动。成虫钻入薯块蛀食,造成许多孔道。幼虫在薯中化蛹,后来羽化成虫,如此世代辗转为害成灾。

3. 防治方法

（1）严格执行检疫规定。严格检疫,以防虫随种薯、种苗调运而传播蔓延。收获时清洁田园,毁灭残薯、遗株、断藤、落叶、杂草以消灭田间残虫。

（2）毒饵诱杀。在初冬或早春,把小鲜薯或鲜薯片、鲜茎蔓用 4% 乐果乳剂或 90% 晶体敌百虫 500 倍液浸泡 12~24 小时后,取出晾干即成毒饵。每亩挖 50~60 个小坑,把饵料放入,上面盖草,每隔 5~7 天换一次,诱杀效果好。

（五）红薯长足象甲

红薯长足象甲又名甘薯大象甲,为害甘薯、蕹菜、大豆、向日葵、桑、柑橘、马铃薯等作物,但幼虫仅能食甘薯、蕹菜等旋花科植物。

1. 形态特征

成虫乳白色,体形前窄后肥大,向腹面弯曲。老熟幼虫体长 14.5~16.5 毫米。蛹长卵形,体长 8~11 毫米,淡黄褐色,臀部有刺突 1 对。成虫嗜食甘薯嫩茎、嫩梢、叶柄,常致折断枯死,幼虫常在蔓藤基部钻蛀并藏身其中,被害茎秆膨大成虫瘿,以致瘿上部分生长不良,主茎受害则明显影响结薯。

2. 发生规律

红薯长足象甲在分布地区的北部,多数一年发生 1 代,少数两年发生 3 代；在南部多数一年发生 2~3 代,少数两年发生 5 代,世代重叠。成虫在岩石、土缝、树皮隙缝或越冬薯及薯田附近的野牵牛等植物上越冬。羽化后成虫在虫瘿内停留 1~2 天后外出,善爬,不善飞,具假死性。交配后即产卵,大多产在薯蔓近节处。幼虫孵化后蛀入茎部取食,被害部位受刺激形成虫瘿,影响水分和养料输送,成长幼虫即在瘿内化蛹。

3. 防治方法

（1）农业防治。清除残株、杂蔓及野牵牛等野生植物,可消灭大量越冬虫源。

（2）药剂防治。5~6 月可在新插薯田和苗床捕杀成虫,这时成虫多集结在甘薯茎上,有利于集中捕杀,连续几次可见效,捕杀在清晨或黄昏进行。成虫盛发期,用 90% 敌百虫或 40% 乐果乳剂喷雾防治。

（六）红薯天蛾

红薯天蛾又称旋花天蛾，属鳞目天蛾科。

1. 形态特征

成虫体长 43~53 毫米，翅展 100~120 毫米，头暗灰色，胸背灰褐色，有 2 丛鳞毛形成"八"字形。卵球状，直径约 2 毫米，淡黄绿色。老熟幼虫体长 60~90 毫米，体表密布小颗粒，腹部 1~7 节各有 7 条背褶。蛹褐色，体长 56 毫米，喙长而游离，朱红色至暗红色，翅达第 4 腹节，臀刺三角形。

2. 发生规律

在北京地区每年发生 1~2 代，华南地区每年发生 3 代。老熟幼虫在土中 5~10 厘米深处化蛹越冬。北京地区于 5 月或 10 月上旬出现，有趋光性，卵散产于叶背。华南地区于 5 月底见幼虫为害，以 9~10 月发生数量较多，幼虫取食薤菜嫩茎，大龄幼虫食量大，为害严重时可把叶吃光，仅留老茎。

3. 防治方法

（1）深耕。秋末冬初和早春，甘薯茬地多犁多耙，破坏越冬环境，促使越冬蛹死亡，减少来年虫源。

（2）诱杀。根据幼虫的趋光性和吸食花蜜习性，可设黑光灯或用糖浆毒饵诱杀成虫，也可到蜜源多的地方网捕，以减少田间卵量。

（3）人工捕杀。幼虫发生盛期，结合田间管理进行人工捕杀。

（4）药剂防治。当每平方米有 3 龄前幼虫 3~5 只，或每 100 叶有虫 2 只时，即可用药剂防治。可用 25% 敌百虫粉每亩喷洒 1.5~2 千克；或用 90% 晶体敌百虫 1 000 倍液，或 80% 敌敌畏乳油 1 500~2 000 倍液，或 40% 乙酰甲胺磷乳油 800~1 000 倍液，或 25% 亚胺硫磷乳油 600~800 倍液，或 20% 氰戊菊酯（杀灭菊酯）5 000 倍液，或用杀螟杆菌(100 亿活孢子/克)或 Bt 乳剂 500~700 倍液，每亩喷洒 75 升。

（七）红薯叶甲

红薯叶甲又称红薯叶甲虫、甘薯华叶甲、甘薯华叶甲虫，属鞘翅科目，叶甲科。有两个不同亚种：红薯叶甲指名亚种和红薯叶甲丽鞘亚种。成虫是红薯苗期的害虫，取食薯苗顶端嫩叶、嫩茎，被害茎上有条状伤痕。特别在幼苗期，常使幼薯苗顶端折断，幼苗生长停滞，甚至整株枯死，造成缺苗断垄，以致不得不深翻重插。幼虫主要啃食土中薯块，将薯表面吃成深浅不一的弯曲伤痕，甚至食薯块内部，造成弯曲隧道，影响薯块膨大。被害薯块变黑发苦，不能食用，不耐储藏。

1. 形态特征

成虫体长 4~7 毫米，短卵圆形，蓝黑色、蓝绿色、紫铜色或红黑色而具有光泽。卵长圆形，初产时淡色，后微呈黄绿色，透过卵壳可以见到胚胎。老熟幼虫体短圆筒形，头部淡黄褐色，体粗短，胸腹部黄白色，全身密被细毛，胸足 3 对。蛹为裸蛹，初蛹时为乳白色，短椭圆形，后变为黄白色。

2. 发生规律

一年发生 1 代，多以老熟幼在土下 15~25 厘米处作土室越冬，有少数在红薯内越冬，也有以成虫在岩缝、石隙及枯枝落叶中越冬。越冬幼虫于 5~6 月化蛹，成虫羽化后要在化蛹的土室内生活数天后才能出土。成虫耐饥力强，飞翔力差，有假死性。清晨露水未干时多在根际附近土隙中，露水干后至上午 10 时和下午 4~6 时活动最活跃。喜食苗顶端嫩叶、嫩茎、腋芽和嫩蔓表皮。

3. 防治方法

（1）整洁田园。清除田边、沟边、梗边及田间枯株、残茬，消灭产卵场所。

（2）施石灰氮。插苗时结合施肥每亩用石灰氮 15~20 千克撒施土中，可减轻幼虫为害。

（3）药液浸苗。在薯苗扦插前用 50% 辛硫磷乳油 500 倍液，或 50% 杀螟硫磷（杀螟松）乳油 500 倍液，或 40% 乐果乳油 500 倍液浸苗，浸后即取出晾干，然后播种，以防红薯叶甲为害。

（4）喷药杀死成虫。用 1.5% 乐果粉或 25% 敌百虫粉每亩喷粉 2 千克左右或用 50% 辛硫磷乳油、40% 乐果乳油 1 000~1 500 倍液或 90% 晶体敌百虫 1 500~2 000 倍液喷雾。

（八）红薯麦蛾

红薯麦蛾又称甘薯小蛾、红薯卷叶蛾，属鳞翅目，麦蛾科。以幼虫吐丝卷叶，在卷叶内取食叶肉，留下白色表皮状似薄膜。幼虫除为害叶片外，还能为害嫩茎和嫩梢。发生严重时，叶片大量卷皱，整片呈现"火烧现象"，严重影响红薯产量。红薯麦蛾除为害红薯外，还为害蕹菜、月光花和牵牛花等旋花科植物。

1. 形态特征

成虫体长 4~8 毫米，黑褐色。前翅狭长，中央有 2 个褐色环纹，翅外缘有 1 列小黑点。后翅宽，淡灰色，缘毛很长。卵圆形，乳白色变淡黄褐色。老熟幼虫细长纺锤形，长约 15 毫米，头稍扁，黑褐色。前胸背板褐色，两侧黑褐色呈倒"八"字形纹。中胸到第 2 腹节背面黑色，第 3 腹节以后各节底色为乳白色。蛹纺锤形，黄褐色。

2. 发生规律

一年发生 3~4 代，世代重叠。该虫以蛹在田间残株和落叶中越冬，越冬蛹于 6 月上旬开始羽化，6 月下旬在田间即见幼虫卷叶为害，8 月中旬以后田间虫口密度增大、危害加重，10 月后老熟幼虫化蛹越冬。

3. 防治方法

（1）清洁田园。红薯收获后，及时清洁田园，处理残株落叶，铲除杂草，以消灭越冬蛹。

（2）捏杀幼虫。当薯田初幼虫卷叶为害时，及时检查，捏杀新卷叶中的幼虫。

（3）药剂防治。应在幼虫为害初卷叶时进行，可采用 90% 晶体敌百虫 1 000 倍液，或 50% 亚胺硫磷乳油 500~800 倍液，或 40% 乐果乳油 1 200 倍液，或 40% 氧化乐果乳油 1 500 倍液，或 50% 辛硫磷乳油 1 000~1 500 倍液，或 25% 杀虫双水剂 500 倍液，每亩喷洒 100~166.7 升。

三、薯田主要草害及其防治

在红薯生产中，每年因杂草引起减产的比例为 5%~15%，严重的地块减产 50% 以上。为此，必须了解杂草特性和生长规律，掌握化学除草的具体技术，将草害控制到最低限度，为红薯高产、稳产、优质、低耗创造良好条件。

（一）薯田杂草种类及特性

1. 薯田杂草种类

薯田杂草种类很多，总计在 100 种以上，主要有马唐、狗尾草、苋菜、马齿苋、早熟禾、藜、茅草、刺儿菜、香附子、鬼针草等。薯田杂草多为旱地杂草，根据其生命长短、繁殖特点和营养特性又可分为下列两大类：

（1）一年生杂草。一年繁殖 1 代或数代，多为春季发芽出苗，当年开花结实，秋冬死亡。也有的杂草为秋地发芽出苗，当年形成叶簇，次年夏季抽薹开花结实，如荠菜。

（2）多年生杂草。结实后仅地上部死亡，次年春季从地下鳞茎或块根、块茎、地下根状茎等根系上重新发芽，如野蒜、香附子、茅根、蒲公英、刺儿菜等都是利用无性繁殖器官多年生长，其中一部分种子还能生长发育。此外杂草也可分为单子叶杂草和双子叶杂草。

2. 薯田杂草特性

薯田杂草具有结实力高的特性，绝大部分杂草结实力高于一般农作物几十倍或更多，千粒重小于作物种子，一般在 1 克以下，十分有利于传播。如一株苋菜可结 50 万粒种子。杂草的传播方式是多种多样的，风是最活跃的传播方式。如菊科等果实上有冠毛，便于风传；有的杂草果实有钩刺，可随它物传播，如苍耳、鬼针草等；有的杂草种子可混在作物种子、饲料或肥料中传播，也可借交通工具、农具等传播。

杂草种子成熟度不齐，但发芽率高，寿命长。荠菜、藜未完全成熟的种子更易发芽，马唐开花后 4~10 天就能形成发芽的种子。莎草、藜属、旋花属等杂草的种子寿命可达 20 年以上，成熟度不一，休眠长短也不同，故出草期长。杂草的无性繁殖力和再生力很强，如马齿苋被铲除后，经暴晒数日，仍能发根成活；香附子、茅草铲除后数天就能长出新芽。

（二）化学防除技术

1. 禾草的化学防除

在禾草单生而无莎草和阔叶草的红薯田，可用氟乐灵、喹禾灵、拿捕净防除。常用的防除方法如下：每亩用 48% 的氟乐灵乳油 75~120 毫升，兑水 40 千克，于整地后栽插红薯前喷雾。注意在气温 30℃以下的下午或傍晚用药，用药后立即栽薯秧，也可将氟乐灵与扑草净混用。或每亩用喹禾灵乳油 60~80 毫升，兑水 50 千克，于杂草 3 叶期田间喷雾。用药时田间空气湿度大，防除多年生杂草应适当加大剂量，用药后 2~3 小时下雨不影响防效。或每亩用 12.5% 拿捕净乳油 60~90 毫升，兑水 40 千克，于禾草 2~3 叶期喷雾。注意喷雾均匀，空气湿度大可提高防效。或以早晚施药较好，中午或高温时不宜施药。防除 4~5 叶期禾草每亩用量加大到 130 毫升；防除多年生杂草时在施药量相同的情况下，间隔 3 个星期分 2 次施药比 1 次施药效果好，防止药飘移到木本科作物上。

2. 禾草 + 莎草的化学防除

对以禾草与莎草混生而无阔叶草的红薯田，可以用乙草胺防除。每亩用 50% 乙草胺乳油 50~100 毫升，兑水 40 千克，栽薯秧前或栽薯秧后即田间喷雾。要求地面湿润，无风。乙草胺对出苗杂草无效，应尽早施药，提高防效。栽薯秧后喷药宜用 0.1~1 毫米孔径的喷头。

3. 禾草 + 阔叶草的化学防除

在以禾草与阔叶草混生而无莎草的红薯田，可用草长灭药剂防除。每亩用 70% 草长灭可湿性粉剂 200~250 毫升，兑水 40 千克，栽前或栽后立即喷雾。要求土壤墒情好，无风或微风，注意不能与液态化肥混用。

4. 禾草 + 莎草 + 阔叶草的化学防除

在三类杂草混生的红薯田，可用乐果和旱草灵防除。每亩用 24% 乐果乳油 40~60 毫升，兑水 40 千克喷雾。要求土壤墒情好，最好有 30~60 毫米的降雨。用药时精细整地，不可有大土块，下午 4 时后施药。

四、薯田主要鼠害及其防治

农田鼠害种类多、数量大、繁殖快、适应性强。20 世纪 80 年代以来，我国鼠害每年发生面积一般超过 30 000 万亩（2 000 万公顷）。1987 年，农田鼠害发生面积高达 58 995 万亩（3 933 万公顷）。红薯是老鼠喜欢为害的作物之一，主要为害正在膨大的薯块。当百只鼠夹捕获率在 3% 以上时即达到防治标准（夹距 5 米，行距 50 米），应尽快组织防治。

（一）防治策略

一是掌握鼠情，做到心中有数，科学制定灭鼠方案。调查了解当地主要为害的鼠种、数量分布、为害程度、受害面积等，准确划定灭鼠区及重点消灭对象；调查了解主要鼠害的活动规律，科学确定灭鼠时机。调查了解鼠害的食性、生活方式，以选择适口性好的毒饵及适当的方法，如褐家鼠喜食红薯、小麦、大米、生葵花籽、瓜果蔬菜等，选用这些制作毒饵效果较好；根据防治面积，确定毒饵用量。二是与防治大田作物鼠害结合起来。三是统一行动，大面积防治。四是农业措施与药剂防治相结合。

（二）防治方法

1. 农业防治

采取农业措施破坏鼠类适生环境。加强农田基本建设，深耕土地，整治田埂，破坏鼠类洞道，抑制鼠类数量恢复；减少荒地及半耕地面积，避免这些地方成为被动性迁移的临时栖息地。在水利条件较好的地区，利用冬季和春季农田灌溉，水溺幼鼠、残鼠，可减少春季鼠类数量。

2. 人力捕杀

在鼠田寻找鼠类洞口，放夹捕获。大仓鼠、黑线仓鼠活动范围大，社交群中个体交往十分频繁，按洞口放置鼠夹效果较好，有时在一个洞口可连续捕捉十几只。每次捕捉后，应将夹上血迹用热水洗净，以免引起其他鼠的警觉。

3. 保护利用自然天敌

保护猫头鹰、蛇类等食鼠动物，可控制鼠害。

4. 药剂防治

化学灭鼠剂分为速效杀鼠剂和缓效杀鼠剂两大类。

（1）速效杀鼠剂。速效杀鼠剂主要有磷化锌、毒鼠磷、溴代毒鼠磷、甘氟，除甘氟为液体外，均为粉剂。一般配制毒饵的用药量为毒饵总重的1%为好，选择各种鼠类喜食的食物，配成毒饵，在每个洞口放毒饵3~5克。也可将药剂制成毒糊，涂在纸或布上塞入洞中，让鼠通过撕咬中毒。0.5%的甘氟毒饵配制方法为取50千克粮食或麸皮，倒入250克甘氟原液，加3 500克水、10克糖精合成药液，掺拌均匀。由于甘氟易挥发，应将拌好的毒饵存放在密闭的容器内6~8小时，再加250克熟花生油调味即可使用，一般每堆5克左右。此类杀鼠剂优点是杀伤快，在24小时内可使害鼠中毒死亡。缺点是早死的鼠类能引起其他鼠类的警觉，且能引起二次中毒，使用时要注意人畜安全。

（2）缓效杀鼠剂。缓效鼠剂又称慢效杀鼠剂，主要有敌鼠钠盐、氯敌鼠（氯鼠酮）、杀鼠灵、杀鼠醚（立克命）、溴敌隆、大隆等。敌鼠钠盐使用毒饵浓度为0.05%~0.1%，氯敌鼠使用毒饵浓度为0.025%，杀鼠醚使用毒饵浓度为0.075%，0.5%的溴敌隆使用毒饵浓度为0.005%，大隆使用毒饵浓度为0.002%~0.005%。此类药消灭率高，一般3~4天死亡，有的需要7~10天。除后两种药外，二次中毒危险性小。杀鼠灵是一种高效低毒的灭鼠新药，老鼠吃了杀鼠灵毒饵，5~6天后内脏大出血死亡，而且老鼠对这种毒饵不拒食，对人、畜、禽毒性小，基本无危险。使用方法为取药5克，加295克滑石粉稀释，加入9.7千克红薯块（切碎）拌匀，制成毒饵，加少量植物油效果更好。投放在老鼠经常活动的地方，每堆3克，每天及时补充毒饵，连投3~4天。

附　录

红薯高效栽培新技术规范（程）

一、前言

青海省海南藏族自治州科技局于 2021 年 4 月正式批准立项下达后，专家和公司领导研究讨论，在青海富禾源农牧科技开发有限公司套种实施。红薯（西瓜红）间作套种新 3 号毛豆一年两茬高效栽培新规范。

红薯于阳历 4 月中旬栽苗，10 月下旬收获，亩产 3 460 千克，每千克 2 元，产值为 6 920 元。套种新 3 号毛豆 4 月下旬播种，7 月下旬收获，亩产鲜果 730 千克，每千克 6 元，产值为 4 380 元，每亩地合计总收入 11 300 元，扣除每亩地投入 4 000 元，亩纯收入 7 300 元。

通过实施一年两茬高效栽培亩产比当地小麦增产 30%~40%，群众认为产量、产值、效益高可行，应当规范推广。

二、红薯主要栽培技术规范（程）

（一）选种

俗话说："母壮儿肥，种好苗壮""国以农为本，农以种为先"。农业生产力的突破和跨越，总是以良种革命为先导的，这是由植物的基因决定的，良种不仅在产量上，而且在品种质量的提高上、在抗逆抗病的性能上，都能不同程度地发挥其增产稳产作用。因此，选用优良品种是发展特色红薯产业的关键。

选种要从收货时进行，选择颜色鲜艳，薯形美观漂亮，大小适中（单薯种250~300克），健壮无伤，未受涝、冻、伤害、生命力强的薯块作种。

（二）育苗

塑料温室大棚育苗。保护地育苗是利用塑料薄膜吸收和保存太阳热能，提高床温的育苗方式，目前生产上多采用温室反地膜覆盖的育苗方式。这样能有效地利用光能升温。保温效果好，育苗时间提早出苗，早而快。

1. 建育苗床

在大棚温室内挖 1.2~1.5 米宽，20~30 厘米深的平沟作育苗畦，挖出的土排在四周踏实成埂，育苗畦的长短以种植红薯的多少而定。挖好后，再将沟底土壤翻松、耙平，然后排薯。

2. 浇水、覆地膜

排种后撒稀土填充薯块间隙，再用水浇透床土。水下渗后，在薯面上盖细土或细沙，厚度约 11.5 厘米，摊平。盖土不能过厚，否则影响出苗率，随即将床面盖膜封闭。

3. 管理

每天上午 9 时左右，用竹条轻轻敲打棚薄膜，使塑料薄膜内露水下落，增加透光性和棚内的温度，薯苗出齐后，采取放风措施，并根据畦中干湿情况确定是否浇水。种薯出苗后及时移去地膜，以免烧苗。苗床土温达到 35℃时，及时打开棚门两端通风或加盖草帘遮阳降温，确保安全出苗。

（三）红薯栽培对环境条件的要求

1. 温度

温度是红薯育苗期间的重要条件，温度在 15℃以下时，红薯停止生长，发芽生长必须在 16℃以上。在水分、空气等适宜条件下，温度在 16~35℃范围内湿度越高，薯块发芽就越快越多。

2. 水分

床土里的水分含量和苗床温度是调节苗床环境的重要因素，水分充足不仅能促进根、芽分化和生长，还能有效地调节温度，幼苗生长期要保持床土的相对湿度，以 70%~80% 为宜。

3. 光照

薯苗没出土前，光照强弱只会对苗床温度高低起作用，但对生根萌芽没有直接影响。强光照射的能量大，床土增温快，温度高能促进发根萌芽。出苗以后，光照强弱对薯苗生长和品质有很大影响，光照不足，薯苗光合作用减弱，幼苗植株内有机质积累少，会引起苗叶发黄、生长差、苗质弱。在整个育苗期间，应充分利用阳光提高温度，促使秧苗健壮生长，并注意盖膜与揭膜晾晒要结合，调节苗床温湿度，使空气流通，防止灼伤幼苗。

4. 肥

薯块开始在苗床里发芽和生根所需要的养料是由薯块本身直接供应的，等到幼苗生长展开叶片以后，除继续由母体供应养分以外，还要通过幼苗自身根系吸收床土的养料供生长需要。因此，床土除在配置时施足基肥以外，还要及时追施速效肥料，以满足茎叶快速生长的需要。

5. 气

薯块从强迫休眠状态的储藏条件下到高温高湿的苗床里，呼吸作用迅速增强，需要充足的氧气供应。而薯块的发根萌芽与生长过程中的所有生命活力，都要通过呼吸作用获得能量，更离不开氧气。所以在育苗期间应注意经常检查苗床温湿度，及时通风。

三、栽培要点

（一）整地、施底肥

试验地定植前，施足底肥，以钾最多，氮次之，磷最少。氮磷钾比例约为 2 ∶ 1 ∶ 4。深翻 20~30 厘米，细耙 1~2 遍，亩施优质肥料 6 000~8 000 千克、过磷酸钙 40 千克、尿素 20 千克、硫酸钾 50 千克，然后用耙齿钩将肥料和土壤混均。

（二）栽播技术

播种方式为垄栽，插苗每亩 3 000~4 000 株，铺黑地膜栽培的垄距为 1 米，垄高 15~20 厘米，垄面宽 60~70 厘米，底宽 80 厘米，每畦交错栽苗 2 行，穴距 30 厘米，每穴单苗。目前栽培方式：一般采用先铺膜后打孔栽苗，孔径深 4~5 厘米，孔上覆土呈 2~3 厘米高的土堆。

四、红薯管理要点

俗话说"三分种、七分管",管理分前期管理、中期管理和后期管理三个阶段。每个阶段均有重点,只有抓住关键环节管理到位,才能保证优质高产。

(一)前期管理

前期管理又称长根缓苗阶段。这一阶段是红薯的前期,是打好增产基础的重要阶段,在保证全苗的前提下主攻促进根系、茎叶生长和群体的均衡生长。主要抓好以下几点:一是查苗补苗,消灭小苗缺苗。必须及早实施补苗。补苗时,带土连根一起挖,栽后无需补苗;二是薯地中耕一般在生长前期进行,封垄以后操作困难,所以宜早不宜迟,要细锄浅锄不伤苗,做到土碎疏松、草锄净。中耕时要注意扶垄;三是防治地下虫害。小地老虎、蝼蛄、蛴螬等害虫经常在各地栽插红薯的季节里大量地发生,咬断幼苗造成小株或缺苗,并传播病害。防治方法:在冬耕深翻土地挖蛹捕杀,栽后撒施毒土、毒饵或喷药防治、人工捕捉等。

(二)中期管理

中期管理又称分枝结薯阶段。这一阶段以植株长出分枝到脱秧封垄开始,红薯在栽后 40~80 天时地下部结薯,数目已经稳定,薯块日渐增大。抓住这一时期的管理,对扩大叶面积,加速薯块的膨大很重要。应注意以下几点,一是前期浇"脱秧水";二是浇中耕,除净草;三是早追肥,看苗长相,一般以追施氮素含量多的肥料为主;四是防治茎叶虫害,主要虫害有卷叶虫、红薯天蛾和斜纹夜蛾等。

(三)后期管理

后期管理又称茎叶衰退薯块迅速膨大阶段。这一阶段的红薯生长中心株间薯块膨大,地上部茎叶生长逐渐缓慢直至停止,叶片从绿转淡绿,颜色由深逐渐变浅,呈衰退现象,薯块膨大速度加快。这时要早追裂缝肥或根外追肥,一般在处暑至白露之间追施裂缝肥有一定的增产效果。

五、红薯主要病虫害及其防治

据不完全统计，危害红薯的主要病害有 23 种，主要有红薯黑斑病、根腐病、软腐病等。详见本书第三章第三节红薯主要病虫草鼠害及其防治。

参考文献

[1] 赵德婉，徐坤，艾然珍．生姜高产栽培 [M]．北京：金盾出版社，2000:12-25.

[2] 康立美，王万福，孙丰纪，等．蔬菜高效栽培实用技术 [M]．北京：中国农业科技出版社，1994:270-284.

[3] 王教义，范国强，张平．姜脱毒组培技术研究 [J]．山东农业科学，1999（6）:7-9.

[4] 徐坤，杨俊华．脱毒生姜及高产栽培技术 [J]．长江蔬菜，2000（8）:8-9.

[5] 高山林．脱毒生姜培育及高产栽培 [J]．四川农业科技，2000（2）:16.

[6] 高山林，卞云云，陈柏君．生姜组织培养脱毒、快繁和高产栽培 [J]．中国蔬菜,1999.（3）:40-41.

[7] 林碧英，魏郑珍，陈燕华．生姜茎尖组织培养和快速繁殖研究 [J]．亚热带植物科学，2002，31（4）:13-16.

[8] 黄菊辉，陈世儒．生姜种质资源离体保存 [J]．西南农业大学学报，1991，13（3）:310-313.

[9] 赵德婉，徐坤，艾然珍．生姜高产栽培 [M]．北京：金盾出版社，2000:12-25.

[10] 杭玲，黄卓忠，江文，等．生姜组织培养快繁技术研究与应用 [J]．江苏农业科学，2006（5）:125-127.

[11] 冯英，薛庆中．生姜脱菌快繁研究进展 [J]．植物学通报，2002（4）:439-443.

[12] 王教义，范国强，张平．姜脱毒组培技术研究 [J]．山东农业科学，1999.6:7-9.

[13] 尹秀波，韩冰，苏玉国．甘薯优质高产栽培新技术 [M]．北京：中国农业出版社，2005.

[14] 张松树，刘兰服．甘薯良种栽培及加工关键技术 [M]．北京：中国三峡出版社，2006.

[15] 毛志善，高东，张竞文.甘薯优质高产栽培与加工 [M].北京：中国农业出版社，2006.

[16] 王裕欣.刨出红薯三窝金 [J].中国食品工业，2004（6）.

[17] 高东，毛志善，李恩友.果薯间作高效种植技术要点 [J].农业新技术，2003（2）.

[18] 常伟良，穆造林，张建成.红薯茎线虫病无公害防治技术 [J].河南农业，2006（2）.

[19] 刘明慧，朱俊光.甘薯地膜覆盖高产高效栽培技术 [J].甘肃农业，2004（5）.

[20] 金小马，余清，等.特色红薯高产栽培技术 [M].长沙：湖南科技出版社，2010.